U0299316

同济博士论丛
TONGJI Dissertation Series
总主编 伍 江 副总主编 雷星晖

周 颖 吕西林 著

复杂高层结构的
整体抗震试验与非线性分析

Structural Model Test and Nonlinear Seismic
Analysis of a Complex Building

同济大学出版社
TONGJI UNIVERSITY PRESS

内 容 提 要

在充分了解目前工程抗震动力试验和计算方法现状的基础上，本书按模拟地震振动台试验和非线性时程分析两个步骤，完成了模拟地震振动台试验模型设计、试验方案到试验结果后处理的全过程；对结构的动力特性、位移反应等结果进行分析；提出一种建立构件试验恢复力模型的方法。

本书适合土木工程专业人员阅读。

图书在版编目(CIP)数据

复杂高层结构的整体抗震试验与非线性分析 / 周颖，吕西林著. —上海：同济大学出版社，2018.9

（同济博士论丛 / 伍江总主编）

ISBN 978 - 7 - 5608 - 7426 - 5

Ⅰ. ①复… Ⅱ. ①周…②吕… Ⅲ. ①高层建筑－高层结构－抗震试验②高层建筑－高层结构－非线性－分析 Ⅳ. ①TU973

中国版本图书馆 CIP 数据核字(2017)第 238476 号

复杂高层结构的整体抗震试验与非线性分析

周 颖 吕西林 著

出 品 人 华春荣 责任编辑 葛永霞 熊磊丽
责任校对 谢卫奋 封面设计 陈益平

出版发行	同济大学出版社 www.tongjipress.com.cn	
	（地址：上海市四平路1239号 邮编：200092 电话：021-65985622）	
经 销	全国各地新华书店	
排版制作	南京展望文化发展有限公司	
印 刷	浙江广育爱多印务有限公司	
开 本	787 mm×1092 mm 1/16	
印 张	12.25	
字 数	245 000	
版 次	2018年9月第1版 2018年9月第1次印刷	
书 号	ISBN 978 - 7 - 5608 - 7426 - 5	

定 价 60.00 元

"同济博士论丛"编写领导小组

组　　长：杨贤金　钟志华

副 组 长：伍　江　江　波

成　　员：方守恩　蔡达峰　马锦明　姜富明　吴志强
　　　　　徐建平　吕培明　顾祥林　雷星晖

办公室成员：李　兰　华春荣　段存广　姚建中

袁万城　莫天伟　夏四清　顾　明　顾祥林　钱梦騄
徐　政　徐　鉴　徐立鸿　徐亚伟　凌建明　高乃云
郭忠印　唐子来　阎耀保　黄一如　黄宏伟　黄茂松
戚正武　彭正龙　葛耀君　董德存　蒋昌俊　韩传峰
童小华　曾国苏　楼梦麟　路秉杰　蔡永洁　蔡克峰
薛　雷　霍佳震

秘书组成员：谢永生　赵泽毓　熊磊丽　胡晗欣　卢元姗　蒋卓文

总 序

在同济大学 110 周年华诞之际，喜闻"同济博士论丛"将正式出版发行，倍感欣慰。记得在 100 周年校庆时，我曾以《百年同济，大学对社会的承诺》为题作了演讲，如今看到付梓的"同济博士论丛"，我想这就是大学对社会承诺的一种体现。这 110 部学术著作不仅包含了同济大学近 10 年 100 多位优秀博士研究生的学术科研成果，也展现了同济大学围绕国家战略开展学科建设、发展自我特色，向建设世界一流大学的目标迈出的坚实步伐。

坐落于东海之滨的同济大学，历经 110 年历史风云，承古续今、汇聚东西，秉持"与祖国同行、以科教济世"的理念，发扬自强不息、追求卓越的精神，在复兴中华的征程中同舟共济、砥砺前行，谱写了一幅幅辉煌壮美的篇章。创校至今，同济大学培养了数十万工作在祖国各条战线上的人才，包括人们常提到的贝时璋、李国豪、裘法祖、吴孟超等一批著名教授。正是这些专家学者培养了一代又一代的博士研究生，薪火相传，将同济大学的科学研究和学科建设一步步推向高峰。

大学有其社会责任，她的社会责任就是融入国家的创新体系之中，成为国家创新战略的实践者。党的十八大以来，以习近平同志为核心的党中央高度重视科技创新，对实施创新驱动发展战略作出一系列重大决策部署。党的十八届五中全会把创新发展作为五大发展理念之首，强调创新是引领发展的第一动力，要求充分发挥科技创新在全面创新中的引领作用。要把创新驱动发展作为国家的优先战略，以科技创新为核心带动全面创新，以体制机制改革激发创新活力，以高效率的创新体系支撑高水平的创新型国家建设。作为人才培养和科技创新的重要平台，大学是国家创新体系的重要组成部分。同济大学理当围绕国家战略目标的实现，作出更大的贡献。

大学的根本任务是培养人才，同济大学走出了一条特色鲜明的道路。无论是本科教育、研究生教育，还是这些年摸索总结出的导师制、人才培养特区，"卓越人才培养"的做法取得了很好的成绩。聚焦创新驱动转型发展战略，同济大学推进科研管理体系改革和重大科研基地平台建设。以贯穿人才培养全过程的一流创新创业教育助力创新驱动发展战略，实现创新创业教育的全覆盖，培养具有一流创新力、组织力和行动力的卓越人才。"同济博士论丛"的出版不仅是对同济大学人才培养成果的集中展示，更将进一步推动同济大学围绕国家战略开展学科建设、发展自我特色、明确大学定位、培养创新人才。

面对新形势、新任务、新挑战，我们必须增强忧患意识，扎根中国大地，朝着建设世界一流大学的目标，深化改革，勠力前行！

万　钢

2017 年 5 月

论丛前言

承古续今，汇聚东西，百年同济秉持"与祖国同行、以科教济世"的理念，注重人才培养、科学研究、社会服务、文化传承创新和国际合作交流，自强不息，追求卓越。特别是近 20 年来，同济大学坚持把论文写在祖国的大地上，各学科都培养了一大批博士优秀人才，发表了数以千计的学术研究论文。这些论文不但反映了同济大学培养人才能力和学术研究的水平，而且也促进了学科的发展和国家的建设。多年来，我一直希望能有机会将我们同济大学的优秀博士论文集中整理，分类出版，让更多的读者获得分享。值此同济大学 110 周年校庆之际，在学校的支持下，"同济博士论丛"得以顺利出版。

"同济博士论丛"的出版组织工作启动于 2016 年 9 月，计划在同济大学 110 周年校庆之际出版 110 部同济大学的优秀博士论文。我们在数千篇博士论文中，聚焦于 2005—2016 年十多年间的优秀博士学位论文 430 余篇，经各院系征询，导师和博士积极响应并同意，遴选出近 170 篇，涵盖了同济的大部分学科：土木工程、城乡规划学(含建筑、风景园林)、海洋科学、交通运输工程、车辆工程、环境科学与工程、数学、材料工程、测绘科学与工程、机械工程、计算机科学与技术、医学、工程管理、哲学等。作为"同济博士论丛"出版工程的开端，在校庆之际首批集中出版 110 余部，其余也将陆续出版。

博士学位论文是反映博士研究生培养质量的重要方面。同济大学一直将立德树人作为根本任务，把培养高素质人才摆在首位，认真探索全面提高博士研究生质量的有效途径和机制。因此，"同济博士论丛"的出版集中展示同济大学博士研究生培养与科研成果,体现对同济大学学术文化的传承。

"同济博士论丛"作为重要的科研文献资源,系统、全面、具体地反映了同济大学各学科专业前沿领域的科研成果和发展状况。它的出版是扩大传播同济科研成果和学术影响力的重要途径。博士论文的研究对象中不少是"国家自然科学基金"等科研基金资助的项目,具有明确的创新性和学术性,具有极高的学术价值,对我国的经济、文化、社会发展具有一定的理论和实践指导意义。

"同济博士论丛"的出版,将会调动同济广大科研人员的积极性,促进多学科学术交流、加速人才的发掘和人才的成长,有助于提高同济在国内外的竞争力,为实现同济大学扎根中国大地,建设世界一流大学的目标愿景做好基础性工作。

虽然同济已经发展成为一所特色鲜明、具有国际影响力的综合性、研究型大学,但与世界一流大学之间仍然存在着一定差距。"同济博士论丛"所反映的学术水平需要不断提高,同时在很短的时间内编辑出版110余部著作,必然存在一些不足之处,恳请广大学者,特别是有关专家提出批评,为提高同济人才培养质量和同济的学科建设提供宝贵意见。

最后感谢研究生院、出版社以及各院系的协作与支持。希望"同济博士论丛"能持续出版,并借助新媒体以电子书、知识库等多种方式呈现,以期成为展现同济学术成果、服务社会的一个可持续的出版品牌。为继续扎根中国大地,培育卓越英才,建设世界一流大学服务。

伍　江

2017 年 5 月

前　言

在地震灾害尚不可避免、结构形式又趋于多样化的时代背景下,对结构尤其是复杂高层结构进行整体抗震性能研究,在改进抗震性能评估方法、促进工程设计合理化方面具有极其现实的意义。在充分了解目前工程抗震动力试验和计算方法现状的基础上,本书将课题研究分为模拟地震振动台试验和非线性时程分析两部分,主要内容包括:

(1) 针对某底部框支、立面开大洞的复杂高层短肢剪力墙结构,完成模拟地震振动台试验模型设计、试验方案到试验结果后处理的全过程;提出通过已知参数的幂指数列变换使得待求参数的幂指数为零来确定待求参数相似常数的简便"似量纲分析法";以正截面抗弯等效和斜截面抗剪等效为原则,推导出能考虑混凝土强度和钢筋强度采用不同相似常数影响的模型配筋公式,并应用这些公式完成该复杂高层整体模型结构的设计施工;观察试验现象,处理采集数据,对结构的动力特性、位移反应等结果进行分析。

(2) 在明确动力弹塑性分析(包括输入地震波的选取、建立结构构件的分析模型和恢复力模型、动力反应分析的求解、结果的分析判断)的基础上,以 5 个型钢混凝土柱为例,提出一种建立构件试验恢复力模型的方法;比较目前流行的用于构件恢复力模型计算的通用软件,选用 Section Builder® 对构件的本构关系进行计算。之后分别建立该复杂高层短肢剪力墙模型结构和原型结构的 Strand 7 计算模型,输入 Section Builder® 确定的主要构件本构关系,以动力试验的台面输入为基础分别对模型和原型结构进行非线性时程分析,将计算和试验动力反应进行详细的比较分析,得到一些计算结论和工程建议。

目　录

第**1**章
结构抗震研究现状及计算方法

1.1 引　　言

我国是一个地震多发的国家[1,2]。多次震害使人们认识到地震作用对于结构的安全性影响很大。地震动产生的地震波在场地土中传播,引起场地土的反应,这种反应又通过结构的基础传递给上部结构,激起上部结构的反应造成破坏(图 1-1)。地震作用的大小与场地、结构本身的特性密切相关,结构的质量与刚度的变化将直接影响地震作用的强弱[3]。历史的经验和教训表明,复杂体形的高层建筑结构体系容易在地震中产生严重破坏[4,5]。因而,规范规定设计结构要尽可能满足体形简单、规则、对称等要求[6,7]。而另一方面,由于城市规划和使用功能等方面的建筑需要以及电子计算机技术和结构分析理论的技术支持,我们周围的复杂体形高层甚至超高层建筑不但不可避免,甚至具有越来越多的趋势。20 世纪 80 年代中期,世界 10 栋最高的大厦中有 9 栋在美国(第 10 栋在加拿大的多伦多),但从 20 世纪 90 年代起,高楼的重心从美国转移到亚洲。目前全球 10 大高楼只有 2 栋在美国(芝加哥的希尔斯大厦和纽约的帝国大厦),其余的都"转移"到亚洲。在这样的时代背景下,研究复杂体型高层建筑在地震作用下的反应,不仅可以促进结构理论的发展,而且可以丰富建筑创作的领域;对复杂体形高层建筑在地震作用下的整体抗震性能研究,不仅是对国内外结构工程人员的挑战,而且是目前亟待解决的重要课题。

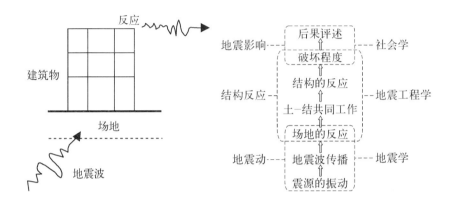

图 1-1 地震对结构作用简图

结构抗震分析的最终目的是确保所设计的结构在未来地震中具备预期的功能或性能,达到一定的抗震可靠性。这就要对结构的动力反应进行评估。目前工程结构地震反应的确定包括抗震试验和计算分析两大部分。抗震试验的主要任务是研究结构或构件的动力破坏机理与破坏特征,确定结构的动力特性,为结构动力理论模型提供依据;计算分析则倾向于实现对整体结构的模型化描述。随着模拟地震振动台试验的开展,试验与理论都在朝着对整体结构动力性能进行研究的方向迈进。本课题即从动力试验研究和弹塑性时程分析两条途径出发,对某复杂高层结构的整体抗震性能进行分析。

1.1.1 本课题的研究现状

建筑科学是一门试验科学。不管当今的力学计算水平如何发展,试验技术仍然是工程设计中不可缺少的辅助工具。它一方面验证着新的理论以便更好地应用于工程实际,另一方面提取着实践中的问题,有助于促成新的理论。结构抗震的动、静力试验是工程抗震研究的有力手段。近年来随着国内外模拟地震振动台的建造,整体结构模型动力试验得到了广泛应用,特别是当结构复杂、现有计算理论又无法圆满解决问题时,可以首先借助模型振动台试验,直接对整体结构的地震反应及破坏形态进行观察。

据不完全统计,全世界共有模拟地震振动台系统近百套,我国建成的模拟地震振动台约 20 套。目前世界上最大的振动台为日本 NIED 的 15 m×20 m 六自由度振动台,承载能力为 1 200 t,已于 2005 年初建成。国内已建成的最大振动台为中国建筑科学研究院的 6 m×6 m 三向六自由度振动台。南京工业大学拟在 2005 年 10 月完成 3.36 m×4 m 振动台的建造。更多的国内外振动台信息详见附录 A。

振动台的风靡使其在多个领域的动力测试中得到广泛的应用,图1-2为同济大学土木工程防灾国家重点实验室振动台试验室近年来的振动台试验研究项目分布图,其中高层结构整体模型的模拟地震振动台试验约占 1/4 的比重,完成项目数 10 个。高层结构整体模型模拟地震振动台试验过程繁杂,主要步骤可分为模型设计、模型施工、振动台试验、数据采集、数据后期处理等。越来越多的试验积累了更多的经验,为复杂高层结构整体抗震性能研究创造了条件。

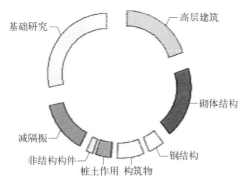

图 1-2　同济大学土木工程防灾国家重点实验室
振动台试验室研究项目分布

随着人们认识世界的不断深化,结构的抗震理论经历了由静力方法到动力方法、由线性分析到非线性分析、由力控制到位移控制等发展阶段[8]。我国现行的结构抗震设计规范[6]采用的是两阶段三水准的设计方法,即按小震作用效应和其他荷载效应的基本组合验算结构构件的承载能力以及结构的弹性变形、按大震作用下验算结构的弹塑性变形。在第一阶段荷载计算方面,地震作用及结构反应的计算主要采用底部剪力法、振型分解反应谱法、弹性时程分析等方法,其中底部剪力法主要适用于高度不超过40 m、以剪切变形为主且质量和刚度沿高度分布比较均匀的结构;振型分解反应谱法中的设计反应谱,其理论基础是一般荷载下的 Duhamel 积分,是线性叠加的结果,因此是一个弹性反应谱,它虽然可以反映地面运动加速度峰值和频谱的特性,却无法反映地面运动持时的影响,忽略了地震作用的随机特性,另外,它忽略了地面峰值速度和持时对中等强度和中长周期结构的显著影响;规范[7]中规定对于超限高层以及复杂高层结构,宜采用弹性时程分析法进行多遇地震下的补充计算,但是,这种方法也同样没有考虑结构逐步进入塑性时,因其周期、阻尼、振型等改变导致的水平力大小和分布的变化等。因此,用上述方法设计的复杂高层结构,与其实际的抗震性能之间可能存在意想不到的差别,有必要对其进一步研究,以指导实际工程设计向更合理的方向迈进。另外,在变形计算方面,人们已经普遍认为,结构的变形或位移比结构物的受力更为重要,规范[7]和文献[9]均规定对于除部分结构外的弹塑性变形验算,可采用静力弹塑性分析方法或弹塑性时程分析法等,对于复杂高层结构的变形计算应采用空间结构模型。但是空间结构模型在整体简化、恢复力模型等的选取方面还存在诸多难点和不确定点。以上这些都表明对结构、尤其是复杂高层结构整体抗震性能的进一步研究,在改进抗震性能评估方法、促进工程设计合理化方面具有极其现实的意义。

文献[10]曾进行了一个 1/10 规则 10 层钢筋混凝土土框架-剪力墙结

构的整体模型模拟地震振动台试验和原型结构的 CANNY 软件计算分析。该结构原型为墨西哥城的一栋办公楼,在 1985 年墨西哥地震中被破坏。文中的振动台试验表明模型结构在动力试验中的破坏模式与真实结构在墨西哥地震中的破坏模式吻合较好,验证了动力试验能够反映整体结构的薄弱环节;文中的有限元计算分析则是建立在原型结构基础上的,分别进行了频率分析、6 层和 10 层加速度反应时程分析、加速度放大系数计算,计算结果显示该文的有限元模型在基本烈度、多遇烈度的加速度峰值反应与试验结果吻合较好,罕遇烈度下的计算结果偏小。文中结论指出,直接建立模型结构的有限元分析和动力试验对比分析是进一步的研究方向。因此,建立模型结构的动力试验、模型结构的计算分析、原型结构的计算分析之间的对比对于反映结构的抗震性态和进一步研发动力试验的潜能都具有一定的实际意义。另外,考虑到当动力试验采用的振动台无反馈装置,输出的台面波形已发生畸变,台面噪声对楼层较低处的加速度传感器影响很大,楼层越高影响越小;结构模型与振动台构成"模型-振动台"系统,该系统的频率也是动力试验中的噪声,干扰对结果的合理判断,该频率噪声对滤波后的位移结果影响要小于加速度结果的影响。因而,进一步进行高层结构动力试验的位移反应分析和有限元计算的局部应力分析等对于工程实际具有指导意义。

1.1.2　本书的主要内容

本书第 1 章按抗震理论发展历程,分别介绍最初基于承载力的静力法和反应谱法、基于损伤/能量的方法、基于能力的设计方法、基于性能的设计方法、基于位移的设计方法等静力方法,最后引出本课题的理论基础——结构的弹塑性动力分析方法。将动力弹塑性分析内容划分为输入地震波的选取、建立结构构件的分析模型和恢复力模型、动力反应分析的求解、结果的分析判断 4 大部分,明确地将后三部分内容作为本课题的研究重点。

第2章首先介绍计算分析中结构、构件的简化模型研究现状，然后将重点放在结构非线性静力分析和非线性动力分析中必不可少的恢复力模型研究上。以5个型钢混凝土柱为例，提出一种建立构件试验恢复力模型的方法；介绍梁柱构件和实体剪力墙构件计算恢复力模型的研究现状；比较目前流行的用于构件恢复力模型计算的通用软件 USC_RC、XTRACT、Section Builder，为后续章节的弹塑性动力时程计算分析打下基础。

第3章以一个底部框支、立面开大洞的复杂高层短肢剪力墙结构为例，进行由模型设计、试验方案到试验结果的全过程动力试验介绍。在试验相似设计中，提出通过已知参数的幂指数列变换使得待求参数的幂指数为零来确定待求参数相似常数的简便"似量纲分析法"；按抓主要矛盾的思想，以正截面抗弯等效和斜截面抗剪等效为原则，推导出能考虑混凝土强度和钢筋强度，采用不同相似常数影响的模型配筋公式，并应用这些公式完成该复杂高层整体模型结构的设计施工。整理模型试验结果并推算原型结构的动力反应，作为弹塑性动力时程计算的对比依据。

第4章首先评述国内外空间杆系模型类、板-梁墙元模型类、壳元墙元模型类的几种计算软件及其特点，然后重点介绍本书计算选用的 Strand 7 软件特性及其单元特性等。

第5章分别建立该复杂高层短肢剪力墙模型结构和原型结构的 Strand 7 计算模型，利用 Section Builder 确定了模型结构和原型结构的主要构件本构关系，以动力试验的台面输入为基础分别对模型结构和原型结构进行了弹塑性动力时程分析，并与动力试验的结果进行了详细的比较分析。系统地实现从复杂高层结构整体模型动力试验，到模型结构弹塑性时程分析，再到原型结构弹塑性时程分析的全过程。

1.2 结构抗震计算方法的发展

1.2.1 基于承载力的设计方法

基于承载力的抗震设计方法主要有静力法和反应谱法两种。

1. 静力法

20 世纪,日本 Nobi、美国旧金山和意大利墨西拿的几次大地震后,人们开始注意地震产生的水平惯性力对结构的破坏作用,提出把地震作用看成作用在建筑物上一个总的水平力,该水平力取建筑物总重量乘以一个地震系数并沿建筑高度均匀分布,这就是结构抗震的静力设计方法(Static Force Design),也是最早的将水平地震力量化的抗震设计方法。日本 Great Kanto 大地震后,1924 年,日本都市建筑规范(Japanese Building Standard Law)首次增设了抗震设计规定,取地震系数为 0.1,1939 年又提高到 0.2。美国在 1933 年颁布的 Riley Act 中采用结构抗震静力计算法,地震系数仅为 0.02,在 1955 年版的 UBC 中取为 0.06[11]。意大利都灵大学(University of Turin)的应用力学教授 Panetti 建议,设计水平地震力对于 1 层建筑物取为上部重量的 1/10,对于 2 层和 3 层建筑物则取为上部重量的 1/12。

结构抗震的静力计算方法简单易行,考虑到不同地区地震强度的差别,设计中按不同地震烈度分区给出不同的地面运动加速度。但这种方法没有考虑结构的动力效应,认为结构在地震作用下,随地基作整体水平刚体移动,其运动加速度等于地面运动加速度,忽略了结构自身特性对其地震反应的影响。

2. 反应谱法

按照结构动力学的观点,地震作用下结构具有动力效应,即结构上质点的地震反应加速度不同于地面运动加速度,而是与结构自振周期和阻尼比等自身特性有关。采用动力学的方法可以求得不同周期单自由度弹性体系质点的加速度反应,以最大地震加速度反应为纵坐标,以体系的自振周期为横坐标,所得到的关系曲线称为地震加速度反应谱,以此来计算地震作用引起结构上的水平惯性力更为合理,这即是反应谱法(Response Spectrum Method)。对于多自由度体系,可以采用振型分解组合与反应谱结合的方法来确定地震作用。

反应谱法的发展与地震地面运动的记录直接相关。1923 年,美国研制出第一台强震地震地面运动记录仪,并在随后的几十年间成功地记录到多次强震,其中包括 1940 年的 El Centro 和 1952 年的 Taft 等多条著名的强震地面运动记录。1943 年,Biot 发表了以实际地震记录求得的加速度反应谱。20 世纪 50—70 年代,以美国的 Housner、Newmark 和 Clough 为代表的一批学者在此基础上又进行了大量的研究工作,对结构动力学和地震工程学的发展作出了重要贡献,奠定了现代反应谱抗震设计理论的基础。

然而,静力法和早期的反应谱法都是以惯性力的形式来反映地震作用,并按弹性方法来计算结构的地震反应。当遭遇超过设计烈度的地震作用时,结构进入弹塑性状态,这种方法显然不适用。同时,在由静力法向反应谱法过渡的过程中,人们发现短周期结构加速度谱值比静力法中的地震系数大一倍以上,而按静力法设计的地震力足以保证短周期结构经受得住强烈的地震作用。为解决这一问题,以美国 UBC 规范为代表,通过地震力降低系数 R 将反应谱法得到的加速度反应值 a_m 降低到与静力法水平地震力相当的设计地震加速度 a_d($a_d = a_m/R$)。其中,地震力降低系数 R 对延性较好的结构取值较高,对延性较差的结构取值较小。尽管最初利用地震力降低系数 R 将加速度反应降下来只是经验性的,但人们已经意识到应根据不同结构的延性性质来取不同的地震力降低系数,这是考虑结构延性对结构抗震能力贡献的最早形式,然而对延性重要性的认识却经历了一个较长的过程。在确定和研究地震力降低系数 R 的过程中,Housner 和 Newmark 分别从两个角度提出了各自的看法。

Housner 认为,考虑地震力降低系数 R 的原因有:① 每一次地震中可能包括若干次大小不等的较大反应,较小的反应可能出现多次,而较大的地震反应可能只出现一次;② 某些地震峰值反应的时间可能很短,震害表明这种脉冲式地震作用带来的震害相对较小。基于这些观点,形成了现在考虑地震重现期的抗震设防目标。另外,由于结构非弹性地震反应分析的困难,只能根据震害经验采取必要的构造措施来保证结构自身的非弹性变形能力,以适应和满足结构非弹性地震反应的需求,因此形成了以反应谱抗震计算和以经验抗震构造共同满足地震重现期内抗震设防目标的设计方法,这也是目前各国抗震设计规范的主要方法。应该说这种设计方法是在对结构非弹性地震反应尚无法准确预知情况下的一种以承载力设计为主的设计方法。

随着研究的深入,Newmark 认识到结构的非弹性变形能力可使结构在较小的屈服承载力下经受更大的地震作用。抗震设计的难点是在结构进入非弹性阶段后对结构性态的分析,考虑到结构进入非弹性状态即意味着结构的损伤和遭受的破坏达到一定程度,因而形成了目前基于损伤的抗震设计方法,并推进了人们对结构的非弹性地震反应的研究。

1.2.2　基于损伤/能量的设计方法

在超过设防地震作用下,虽然非弹性变形对结构抗震和防止结构倒塌有着重要作用,但结构自身也将产生一定程度的损伤,当结构非弹性变形超过自身非弹性变形能力时,则会引起结构的倒塌。因此,结构在地震作用下的非弹性变形以及由此引起的结构损伤成为结构抗震研究的一个重要方面,并由此形成基于结构损伤的抗震设计方法(Damage-Limiting Design)。

在该设计方法中，人们试图引入反映结构损伤程度的某种指标来作为设计指标。基于非线性反应的结构破损模型比较复杂，震害实例和试验研究表明，结构地震破坏形式主要分为首次超越破坏和累积损伤破坏两类。各国学者纷纷提出了基于这两种破坏模式的指标来描述结构的破损程度。按其反映破坏机理的不同，破坏指标可以分为最大变形定义的破损指标[12-14]、最大耗能定义的破损指标[15,16]、最大变形与累计耗能的组合指标等[17-20,22-25,84]；按描述对象的不同，破损指标可分为局部破损指标和整体破损指标，其中整体结构的破损指标较为复杂，有从组合各构件破损指标进行加权处理而获得结构的整体破损程度模型[21-26]，也有从整体结构性能退化得到的结构损伤模型[27-29]等。

结构损伤机理较为复杂，如需确定结构非弹性变形、累积滞回耗能等指标，结构达到破坏极限状态时的取值与结构自身设计参数的关系等也存在许多问题，未得到很好的解决。但对结构损伤的研究加深了人们对结构抗震机理的认识深度，尤其是将能量耗散能力引入损伤指标后，形成了基于能量平衡的抗震设计方法。

从能量观点来看，结构能否抵御地震作用而不产生破坏，主要在于结构能否以某种形式耗散地震输入到结构中的能量。地震作用对体系输入的能量 E_{eq} 由弹性变形能 E_e、塑性变形能 E_p 和滞回耗能 E_h 三部分组成，即 $E_{eq}=E_e+E_p+E_h$。地震结束后，体系弹性变形恢复，地震对体系的输入能量 E_{eq} 最终由结构体系的阻尼耗能和塑性滞回变形耗能所耗散。因此从能量观点来看，只要体系的阻尼耗能和塑性滞回变形耗能能力大于地震输入能量，结构即可有效抵抗地震作用，不产生倒塌，由此形成了基于能量平衡的设计方法。

基于能量平衡的概念来理解结构抗震原理简洁明了，但将其作为实用抗震设计方法仍有许多问题尚待解决，如地震输入能量谱、体系耗能能力、阻尼耗能和塑性滞回耗能的分配，以及塑性滞回耗能体系内的分布规律等。有研究表明,尽管基于损伤和能量的抗震设计方法在理论上有其合理之处,但累积损伤指标对于已有的设计不合理结构较为重要,对于设计合理新建结构的重要性并不明显[30,31]。另外,直接采用损伤和能量作为设计指标不易为一般工程设计人员所采用,因此这种方法一直未得到实际应用,但基于损伤和能量概念的抗震研究,对实用抗震设计方法中保证结构的抗震能力提供了理论依据和重要的指导作用。

1.2.3 基于能力的设计方法

20 世纪 70 年代后期,新西兰的 Park R 和 Paulay T[32] 提出了保证钢筋混凝土结构具有足够弹塑性变形能力的能力设计方法(Capacity-Based Design)。该方法是基于对非弹性性能对结构抗震能力贡献的理解和对实现超静定结构在地震作用下具有延性破坏机制的控制思想提出的。他认为,一个合理的抗震设计是当建筑物遭遇地震时,能按照设计者预想并可行的塑性变形方式作出反应,这样在基于能力抗震设计时,首先选择一个适合于非线性反应的结构形式;然后选择适合于非线性变形集中且便于采取构造措施的位置(即塑性铰的位置);最后通过适当的强度差确保非线性变形不在不希望的位置或以不希望的结构形式出现,也就是要使不希望出现非线性变形模式所需的强度适当大于希望出现非线性变形模式所需的强度[33]。能力设计方法的核心总结为"强柱弱梁"、"强剪弱弯"、"强节点弱构件"等。

基于能力的设计方法不仅使结构的抗震性能和能力更易于掌握,同时也使得抗震设计更为简便明确。到 20 世纪 80 年代,各国规范均在不同程度上采用了能力设计方法的思路。能力设计方法的关键在于将控制的概念引入结构抗震设计,有目的地引导结构破坏机制,避免不合理的破坏形态,加深了人们对抗震理念的理解,为后来提出的通过给结构加设耗能减震装置来引导结构耗能等做法奠定了思想基础。

1.2.4 基于性能的设计方法

通过多年的研究和实践,人们基本掌握了结构抗震设计方法,并达到原来所预定"小震不坏、中震可修、大震不倒"的抗震设防目标。然而,20 世纪 90 年代发生在一些发达国家现代化大城市的地震,虽然人员伤亡很少,一些投资很高的建筑物也没有倒塌,但因结构损伤过大,造成的经济损失却十分巨大。如 1989 年美国 Loma Prieta 地震,震级 7.1 级,伤亡数百人,但造成的经济损失达 150 亿美元;1994 年 1 月美国西海岸地区的 Northridge 地震,震级为 6.7 级,死亡 57 人,但由于建筑物损坏造成 1.5 万人无家可归,经济损失达 170 亿美元;1995 年 1 月日本 Kobe 地震,震级 7.2 级,死亡 6 430 人(大多是旧建筑物倒塌造成),但经济损失却高达 960 亿美元,且震后的恢复重建工作持续了两年多,耗资近 1 000 亿美元[34,35]。因此,研究人员意识到再单纯强调结构在地震下不严重破坏和不倒塌,已不是一种完善的抗震思想,不能适应现代工程结构的抗震需求。在这样的背景下,美、日学者提出了基于性能的抗震设计方法(Performance-Based Seismic Design,PBSD)。基于性能设计是在各种可能遇到的地震作用下建筑的性能即地震反应和损伤程度均在设计预期要求的范围内,实质是对地震破坏进行定量或半定量控制,从而在最经济的条件下,确保人员伤亡和经济损失均在预期可接受的范围内。

美国应用技术委员会(Applied Technology Council,ATC)1995 年发表的 ATC - 34 报告[36]和 1996 年发表的 ATC - 40 报告[37]均包括了 PBSD 方法。ATC - 40 中对 PBSD 的定义为"基于性能的抗震设计是指结构的设计准则由一系列可以实现的结构性能目标来表示,主要针对钢筋混凝土结构,并且建议采用基于能力谱的设计原理。"显然,ATC - 40 建议使用能力谱方法对钢筋混凝土结构进行抗震设计。

美国联邦紧急事务管理局(Federal Emergency Management Agency,

FEMA)1996 年发表的 FEMA273 和 FEMA274 报告[38]包括了 PBSD 方法。文中对 PBSD 的定义为"基于不同设防水准地震作用,达到不同的性能目标。在分析和设计中采用弹性静力和弹塑性时程分析来实现一系列的性能水准,并且建议采用建筑物顶点位移来定义结构和非结构构件的性能水准,不同结构形式采用不同的性能水准。"FEMA273 中利用随机地震动概念提出了许多种性能目标,适合于多级性能水准结构的分析与设计方法从线性静力延伸到弹塑性时程分析。

美国加州结构工程师协会(Structural Engineers Association of California,SEAOC)2000 年发表的 Version 2000[39]也包括了 PBSD 的内容,对 PBSD 的定义是"性能设计应该是选择一定的设计准则,恰当的结构形式、合理的规划和结构比例,保证建筑物的结构与非结构构件的细部构造设计,控制建造质量和长期维护水平,使得建筑物在遭受一定水准地震作用下,结构的损伤或破坏不超过某一特定的极限状态。"SEAOC Version 2000 致力于建立设计未来不同水准地震下能达到预期性能水准且能实现多级性能目标建筑的一般框架,阐述了结构和非结构构件的性能水准,而且基于位移建议了 5 级性能水准,建议用能力设计原理分析弹塑性结构的地震反应。

日本在 1995 年 Kobe 地震后启动了"建筑结构现代工程开发"研究项目,对性能设计的内容进行了概述。1996 年,日本建筑标准法按照基于性能的要求进行了修订;1998 年日本的建筑标准法加入了能力谱方法。

我国基于性能的抗震研究也初具成果,颁布了《建筑工程抗震性态设计通则(试用)》[40]。

虽然一些国家规范或者标准中已经引用基于性能的理念,但总的来说基于性能抗震设计目前仍处于概念深化阶段。PBSD 中要实现结构性能水准(Performance Levels)、地震设防水准(Earthquake Hazard Levels)、结构性能目标(Performance Objectives)的具体化,并给出三者之间明确的关系。目前比较认可的方法是采用"投资-效益"准则来确定结构目标性能水平,一般可以分为直接优化法和间接优化法[41]。在间接优化法中,通过优化结构设计地震作用,间接得到结构的目标性能水平,这样得到的目标性能水平是针对最优设防地震作用的,适合具体工程使用。

基于性能的间接优化抗震计算仍属于静力非线性分析的范畴,通过对结构进行 Push-over 过程,将结构的需求曲线和能力曲线绘于同一坐标系中进行比较:在达到既定的性能目标时,若结构的能力曲线穿越需求曲线,则结构性能可靠;否则将视为不可靠。可以看出,各种基于性能的抗震设计方法过程有两个共同点,即均要对结构实行 Push-over(推覆)过程;均要将需求曲线和能力曲线绘于同一坐标系中进行比较。需求曲线的含义不同,从而形成了设计反应谱法、能力谱法、N2 法、直接位移法等不同的基于性能设计方法。

1. Push-over 过程

Push-over 过程没有严格的理论背景[42],它的基本假定为:① 结构的反应与一等效单自由度体系的反应相应,即结构的反应以第一振型为主;② 在某一计算过程中,振型形态保持不变。这两个假定显然不成立,但是,初步研究表明,只要多自由度结构体系的振动以第一振型为主,建立在上述假定下的 Push-over 法还是能够比较准确地得到结构的最大地震反应。文献[42]给出了 Push-over 方法主要公式的推导和表达形式,且 Push-over 的主要过程为:确定各结构构件基于各自性能水平的非线性力位移关系,包括屈服强度、屈服后刚度、刚度退化等;计算结构的目标位移;计算结构的基底剪力;按照某种水平荷载分配模式分配水平地震作用;求出每根杆件在各级荷载下的内力、变形,如某根杆件进入非线性,则修改刚度矩阵重新计算;根据水平地震力的分布状况逐级加载,直到结构的侧向位移达目标位移或由于铰点过多而成为机构。将每一个荷载步下结构的反应相连形成结构的能力曲线,最终与结构的需求曲线绘在同一坐标系中进行对比,从而对结构的抗震性能进行评估,而不作为设计结构构件的替换方法。

在对结构实施 Push-over 的过程中,可以看出结构目标位移的确定和水平荷载分配模式的选择,将直接影响对结构抗震性能的评估结果。结构目标位移的确定可利用弹塑性反应谱直接得到,也可以通过对等效单自由度体系进行动力时程分析求得[42,43];水平荷载的分布模式各国的学者已经提出了许多方法[38,44-46]。

为了弥补传统 Push-over 方法的不足,考虑高振型的影响、结构屈服后惯性力的重分布以及振动特性的变化,有人建议采用适应性的侧力分布。Eberhard 提出侧力分布应由各荷载段割线刚度导出的振型来确定[47];Fajar 提出结构屈服后侧力分布应调整为与当前弹塑性位移一致[44];Gupta and Kunnath 提出用弹塑性变形状态的瞬时振型组合来确定地震力的分布[48]。这些改进方法考虑了其他振型的影响以及结构屈服后动力特性的变化,要更为合理一些,但这样做显然很费事,而且概念较为复杂。Chopra 和 Geol[49] 提出的模态 Pushover 法,它的基本思路来源于弹性结构的振型分解反应谱分析方法,首先忽略结构屈服后各模态坐标之间的耦合分别计算,然后通过各模态反应平方和开方组合(SRSS)得到结构的地震需求值。模态 Pushover 法概念简洁,易于理解,是对传统 Push-over 方法一种较好的改进。

2. 各种需求曲线的获得方法

各种基于性能设计方法的另一个共同点是需求曲线与能力曲线进行对比,以对结构的抗震性能做出评估。目前根据需求曲线获取方式的不同,主要有四种基于性能的设计方法。

(1)设计反应谱法

在最初的基于性能的计算方法中,需求曲线即为设计规范规定的弹性反应谱,通过对结构进行 Push-over 得到结构的能力曲线,将相同参量的两曲线绘在同一坐标系中(如周期影响系数关系)进行对比,示意见图

1-3[46]。从图中可以看出,在达到目标位移时,结构的影响系数能力曲线穿越了结构的设计反应谱需求曲线,说明结构整体的抗震性能满足要求。

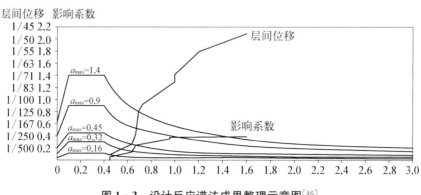

图1-3 设计反应谱法成果整理示意图[46]

设计反应谱法实际上是弹性反应谱与静力非线性 Push-over 结合的静力弹塑性分析方法,由于设计反应谱是弹性反应谱,它本身的局限性将影响对结构抗震性能评估的准确性,比如,它以单自由度弹性体系为基础,通常过高估计了地震反应;只能反映地震动三要素中频谱、振幅的影响,而不能反映地震动的持时特性以及考虑地面运动中、长周期成分的影响等[8,50]。为解决这一问题,出现了以实际地震记录求得需求曲线的能力谱法和以弹塑性反应谱作为需求曲线的 N2 法。

(2)能力谱法

1943 年,Biot 发表了以实际地震记录求得的加速度反应谱,为能力谱法奠定了基础。能力谱法(Capacity Spectrum Method)由 Freeman 提出并进行了修正[51,52],它的需求曲线由给定的地震记录求得,与结构的 Push-over 能力曲线进行比较,示意见图 1-4[46]。目前能力谱法已经以不同的形式出现在一些国家的规范中[37,53,54]。

(3)N2 法

20 世纪 80 年代初,Saiidi 和 Sozen 尝试着对多自由度体系的等效单自

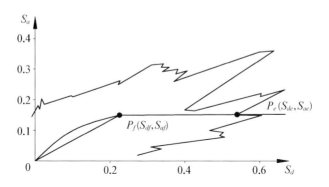

图 1-4　能力谱法成果整理示意图[46]

由度体系进行非线性动力时程分析[55]，也是在等效思想的指引下，随后 Fajfar 和 Fischinger[56,57] 提出了最早期的 N2 方法，其中"N"代表 Nonlinear，"2"代表由多自由度体系等效为单自由度体系的两种模型。

对于弹性体系，加速度与位移之间的关系存在式(1-1)的关系如下：

$$S_{de} = \frac{T^2}{4\pi^2} S_{ae} \qquad (1-1)$$

则弹性反应谱 T-S_{ae} 关系可以表示成 S_{de}-S_{ae} 反应谱，在这样的曲线中，如果考虑一个与延性系数 μ 相关的缩减系数 R_{μ}，通过式(1-2)和式(1-3)的变换，则可以得到单自由度体系的弹塑性 S_d-S_a 反应谱来作为抗震评估中的需求曲线，这就是 N2 法的主要做法，目前 N2 法已被写入欧洲规范 Eurocode 8[58] 的草稿中。示意见图 1-5[59]。

$$S_a = \frac{S_{ae}}{R_{\mu}} \qquad (1-2)$$

$$S_d = \frac{\mu}{R_{\mu}} S_{de} = \frac{\mu}{R_{\mu}} \frac{T^2}{4\pi^2} S_{ae} = \mu \frac{T^2}{4\pi^2} S_a \qquad (1-3)$$

（4）位移谱法

对于结构工程师来说，可明确描述结构性能状态的物理量主要有力、

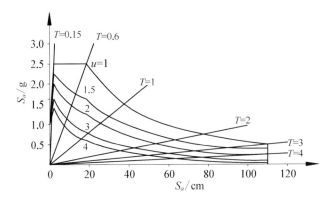

图 1-5 N2 法非线性需求谱示意图[59]

位移、速度、加速度、能量和损伤等,基于性能设计方法要求能够给出结构在不同强度地震作用下,尤其当结构进入非弹性阶段时这些结构性能指标的反应值(需求值),以及结构自身的能力值。用力单独作为结构性能指标难以全面描述结构的非弹性性能及破损状态,而用能量和损伤指标又难以实际应用,因此出现了以位移作为指标的直接基于位移的抗震设计方法(Displacement-Based Design)。

直接位移谱法与传统反应谱法思路的一个主要区别即是采用了一系列依结构等效阻尼不同而不同的 T-S_d 反应谱(图 1-6),而不是仅有 5%

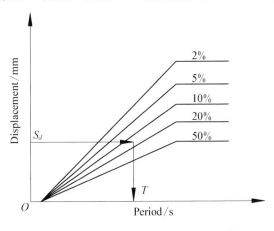

图 1-6 直接位移法需求谱示意图[60]

阻尼的 T-S_{ae} 设计反应谱。可以看出，N2 方法为显示非线性，而直接的位移谱法为隐式非线性。

对比间接优化方法，基于性能的直接优化方法在采用"投资-效益"准则确定结构目标性能水平时，以结构的失效概率为优化目标，直接得出结构目标性能水平，这样分析适合在已有的地震危险性分析基础上得出结构的目标性能水平，为规范制定整个社会的建筑结构目标性能水平服务[41]。文献[61]提出一种确定结构目标性能方法，具体步骤如下：① 确定结构最小初始造价与结构性能水平的关系，即建立结构最小造价和性能水平的函数关系；② 确定结构各种目标性能水平的合理关系，即在结构造价一定的条件下采用优化的思想，确定结构各种性能水平的合理比例关系；③ 确定结构抗震目标性能水平，即在前面分析的基础上，采用优化思想确定结构目标性能水平，为基于性能设计原理制定建筑抗震设计规范提供分析基础。文献[41]对于确定钢筋混凝土框架结构造价与失效概率之间的近似关系进行了较为详细的研究。

基于性能抗震设计给设计人员一定"自主选择"抗震设防标准的空间，然而目前对结构性能状态的具体描述和计算以及设计标准尚未明确，基于变形控制的抗震设计方法、基于性能的结构控制等研究也有待深入开展。

1.2.5　基于位移的设计方法

20 世纪 90 年代初期，Moehle 提出了直接基于位移的抗震设计理论[62,63]，即采用结构位移作为设计控制指标。它直接以目标位移作为设计变量，通过设计位移谱得出在此位移时的结构有效周期，进一步得出结构的有效刚度，求出此时结构的基底剪力，进行结构和构件的分析，进而做出具体配筋设计[64-69]。

采用直接基于位移的设计方法与传统的力设计位移检验分阶段进行的设计方法相比，具有以下诸多优点：① 可以在设计初始就明确设计的结构性能水平,并且使设计的结构性能正好达到目标性能水平,而不是传统设计时给出一个限值;② 可避免传统设计方法带来的重复设计而增加设计费用;③ 采用结构对应最大位移进行变形设计而不是像传统方法采用初始刚度进行变形计算,这与结构实际情况更为符合。

以上介绍的各种方法无论是弹性分析还是弹塑性分析,都属于静力计算方法,而对结构的地震作用分析本身属于动力计算范畴。对结构动力计算分析的研究,一方面可以作为静力非线性方法的补充,比如文献[70]规定,如果考虑90%质量参与系数的振型数算得的任一楼层的楼层剪力大于仅考虑第一振型算得的相应楼层剪力的130%,则高振型对结构反应的影响不可忽略,这时,静力非线性法可以使用,且要与线性动力时程方法相结合,二者的计算结果均要满足一定的要求;另一方面,可以跟踪结构地震反应全过程,得到各时刻结构的内力和变形状态,给出结构开裂和屈服的时刻和顺序,发现应力和塑性变形集中部位,从而判明结构的屈服机制、薄弱环节及可能的破坏类型等。

1.3 结构动力弹塑性分析方法

在多次大震后,人们对钢筋混凝土结构的抗震性能有了进一步的理解,加之对结构构件恢复力关系的深入研究、对实际地震记录和人工地震波的经验积累,提出了弹塑性时程分析方法。这种方法可以反映地面运动的大小、频谱特性和持续时间对结构反应的影响,不仅能够对震害进行计算分析,而且能够了解结构在地震作用下的反应全过程,寻找到不利于结构抗震的薄弱环节。考察地震作用下结构的动力平衡方程式(1-4):

$$[M]\{\ddot{x}(t)\}+[C(x,t)]\{\dot{x}(t)\}+[K(x,t)]\{x(t)\}=-[M]\{1\}\ddot{x}_g(t)$$

$$(1-4)$$

高层建筑结构的弹塑性时程分析大体上包含 4 个方面的内容：① 输入地震波的选取，相当于式(1-4)的右端项；② 结构的分析模型和结构构件的恢复力模型，它反映的是结构的特性，在式(1-4)的左端各项中得到反映；③ 动力反应分析的求解，对式(1-4)进行求解有许多方法和计算软件来实现；④ 判断标准，即相当于对式(1-4)结果的判断标准或分析评价。本章将主要介绍第①和第④部分的发展，第②和第③部分的内容将分别放在本书第 2 章和第 4 章重点介绍。

1.3.1　输入地震波的选取

时程分析法中，输入地震波的确定是时程分析结果能否既反映结构最大可能遭受的地震作用，又满足工程抗震设计基于安全和功能要求的前提。考虑到结构可能遭受地震作用的极大不确定性和计算结构建模的近似性，弹塑性时程分析并不是要"真实"地反映地震作用，也不是要精确地对结构构件内力进行计算，而是尽可能对结构的抗震性能进行评估。在这样思想的指引下，地震波的选取原则是选用的地震波应与设计反应谱在统计意义上一致，选取内容包括地震波的数量和相应的反应谱特征[6,71]。

我国现行抗震规范 GB 50011-2001[6] 规定，用时程分析法时，应按建筑场地类别和设计地震分组选用不少于两组的实际强震记录和一组人工模拟的加速度时程曲线，其平均地震影响系数曲线应与振型分解反应谱法所采用的地震影响系数曲线在统计意义上相符(指二者相比，在各个周期点上相差不大于 20%)。

地震波要满足地震动的频谱特性、有效峰值和持续时间规定。频谱特性可用地震影响系数曲线表征，依据所处的场地类别和设计地震分组确定。加速度有效峰值按规范规定的加速度最大值采用，即以地震影响系数最大值除以放大系数得到；需多向地震波输入时，加速度最大值通常按1(水平 1)：0.85(水平 2)：0.65(竖向)的比例调整；选用的实际加速度记录可以是同一组的三个分量,也可以是不同组的记录,但每条记录均应满足"在统计意义上相符"的要求。输入的地震加速度时程曲线的持续时间,不论实际的强震记录还是人工模拟波形,一般为结构基本周期的 5~10 倍。规范[72]要求输入地震波持时不宜小于建筑结构基本自振周期的 3~4 倍,也不宜少于 12 s,地震波的时间间距可取 0.01 s 或 0.02 s。

1.3.2　计算结果的判断或评价

动力计算的结果通常可以与以下内容进行对比:与实际地震反应记录对比;与 Push-over 法的计算结果对比;与动力试验的结果对比。本书主要进行了动力时程计算结果与动力试验结果的对比工作。

1.4　本章小结

结构抗震计算方法随着抗震理念的更新而更新,因而本章按时间顺序介绍了最初基于承载力的静力法和反应谱法、基于损伤/能量的方法、基于能力的设计方法、基于性能的设计方法、基于位移的设计方法等静力抗震计算方法的发展背景,最后引出了本课题的理论基础——结构的弹塑性动力分析方法。将动力弹塑性分析内容划分为输入地震波的选取、建立结构构件的分析模型和恢复力模型、动力反应分析的求解、结果的分析判断 4 大部分,明确地将后三部分内容作为本课题的研究重点。

第2章

结构构件的简化模型和恢复力模型

2.1 引　言

为节约弹塑性动力分析耗时,出现了把握结构特点的各种结构层面和构件层面的简化模型,本章首先介绍结构层面、构件层面简化模型的研究现状。结构构件的恢复力模型研究在静、动力弹塑性分析中也必不可少,在弹塑性动力时程分析中,一种比较准确且可行的方法是直接建立基于构件层次的本构模型,然后将其输入软件进行整体结构的动力计算。在可能的条件下,合理的结构弹塑性动力分析思路如图2-1所示。

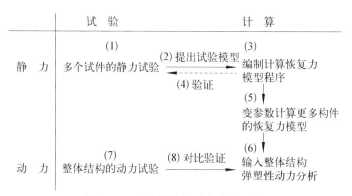

图2-1　结构弹塑性动力分析思路

例如,用 CANNY 软件在进行整体结构的弹塑性动力时程分析时,首先通过用户输入的材料参数和构件尺寸等信息,计算出该构件的多弹簧参数;然后以这些考虑了构件轴向、弯曲、剪切等特性的多个弹簧代表该构件本构关系进入整体结构的弹塑性时程分析中。CANNY 软件在计算构件的多弹簧参数即确定恢复力模型参数时有其独特的约定;对构件的轴向、弯曲、剪切变形也考虑的比较细致;但目前其数字形式的前后处理功能,无法与用户面对面(可视化)阻碍了其在设计人员中广泛应用的可能性,有待进一步研发。另一种可行的思路是选用现有的本构关系计算小软件计算出构件的本构关系,然后选择可以输入用户自定义构件本构关系的可视化软件进行整体结构的弹塑性动力时程分析,这也就是本书采用的方法。

本章随后提出了一种构件的试验恢复力模型的构建方法,然后介绍了构件的计算恢复力模型研究现状,最后对比了目前流行的构件恢复力模型小软件优缺点。

2.2 简化模型研究

2.2.1 结构的简化模型

在对结构尤其是高层结构进行分析时,可以以结构简化后的模型为基础。整体来说,钢筋混凝土结构的简化模型可以分为平面模型和空间模型[73,74],结构简化模型分类如图 2-2 所示。

平面模型中的层间模型、平面杆系模型均以实验总结得到的恢复力模型为基础,因而在用这些模型计算一般平面框架结构时,其计算结果较为可靠;对于剪力墙体系,也常将其转化为壁式框架结构进行计算,但剪力墙部分的非线性剪切刚度、轴向刚度必须予以充分的考虑。平面应力元模型

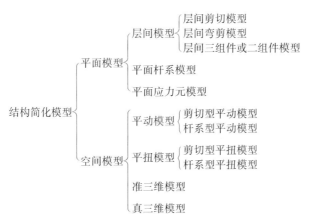

图 2－2　结构简化模型分类

是主要用于分析剪力墙体系的力学模型,该模型的主要难点在于它所依赖的材料的本构关系,尤其是多轴本构关系始终难有定论,因此带来在二维复杂应力状态下,钢筋的力学性能以及混凝土在开裂、裂缝闭合、压碎时的力学性能,以及钢筋、混凝土的结合性能等如何确定等问题。一些研究者认为,采用平面应力元模型求解剪力墙体系的非线性地震反应结果与工程实际可能仍有较大的差距。

空间模型中,平动模型认为结构各楼层仅在两正交水平方向上有线位移产生,不考虑结构的整体扭转,该模型主要用于分析无质量偏心的高层结构的动力反应。平动模型包括剪切型和杆系型两种,其中剪切型平动模型等价于两个剪切型平面高层结构模型,而杆系型平动模型则考虑了两正交水平方向位移的相互影响,考虑了角柱的双向弯曲效应,与一般平面高层结构的计算截然不同。在强烈地震作用下,高宽比大的结构的扭转影响可占结构总反应幅值的 20%,出现了平扭模型。平扭模型也分为剪切型和杆系型两种,其中剪切型平扭模型忽略了梁的弯曲变形,要求确定层间刚度、计算刚度中心以及求解结构动力方程;而杆系型平扭模型是目前国外常用的力学分析模型,该模型计算结果的精度与空间杆元模型的优劣密切相关。准三维模型通过引入各种有关假设,将空间高层结构进行简化,得到了考虑结构整体空间作用的力学模型，并以该力学模型为对象，采用一般的分析方法或子结构技术进行空间结构的非线性地震反应计算。例如，将框筒结构化为等效槽形的方法，将筒中筒结构展开为平面框架-剪力墙的方法，以及框筒结构的完全空间协调办法等。但是准三维模型的精度有待进一步提高。

平动模型、平扭模型以及准三维模型中均采用了楼板绝对刚性假设，即楼板只能平动和转动，不能发生弯曲或剪切变形，这种假设对楼板宽长比较小的现浇中厚板近似成立，但当楼板为预制板或楼板有较大开口时，必须将楼板作为柔性构件进行计算，且一般认为，在空间高层结构的非线性地震反应计算中，楼板变形的非线性特性是不重要的，在分析过程中，可认定楼板始终处于线弹性范围内。这种考虑楼板变形的空间模型是真三维模型。至于柔性楼板的计算，目前国内有两种形式：一是将楼板简化为深梁，考虑楼板可以产生多个平移量；二是将楼板划分为若干平面三角元或平面四边元，按空间组合结构理论来求解楼板柔性变形的影响。

2.2.2　构件的简化模型

长期以来，对梁柱的非弹性地震反应分析模型研究主要集中在单元分析模型上，根据它们对钢筋混凝土塑性区域的模拟方式，大致可分为集中塑性模型和分布塑性模型两大类，总结常见的混凝土杆系模型单元如图2-3所示。

无论是钢筋混凝土结构平面模型，还是空间模型，梁、柱均可简化为杆件参与结构的整体计算，而对剪力墙和楼板的模型化假定成了关键，它决定了结构分析模型的科学性和计算精度[75]。钢筋混凝土剪力墙非线性动力分析模型分为两大类：基于固体力学的微观模型和以一个构件作为一个单元的宏观模型[76,77]。微观模型是指用有限元来离散钢筋混凝土构件和

图 2－3　杆系模型单元分类

结构,根据剪力墙配筋基本上呈均匀分布的特点,将钢筋和混凝土作为一个整体的复合介质单元,钢筋弥散于整个单元中,并把单元视为连续均匀材料,混凝土开裂处理为单元内的分布裂缝。微观模型计算量通常很大,但它可很好地模拟墙体从开裂到破坏的每一个细节,随着计算处理器和求解器速度的不断提高,微观模型的开发和利用具有一定的前景。近年来,吴晓涵等[90]曾做过反复荷载下混凝土剪力墙非线性有限元的微观模型分析。

　　宏观模型是通过简化处理将某一构件(如一段剪力墙)简化为一个单元,这种模型存在一定的局限性,一般只有在满足其简化假设的条件下,才能较好地模拟结构的真实性态。由于宏观模型相对简单,从实际结构分析考虑,仍是目前钢筋混凝土剪力墙研究和使用中最主要的模型。主要的剪力墙宏观模型总结在图 2－4 中。

图 2-4　实体剪力墙的结构简化模型分类

等效梁模型用梁单元沿墙轴线来离散剪力墙,最常用的梁单元模型是单分量模型,但它忽略了反应中剪力墙轴力的变化,并假设墙的转动围绕着墙横截面的中性轴,因而不考虑地震反应中墙横截面中性轴的转动。墙板单元模型将墙用墙柱代替,上下端设刚域,并与框架梁柱节点铰接,此模型能将剪力墙组合到框架中的任意位置上,考虑了墙板单元四个角部节点与框架对应点的变形协调,计算量小,但用于非线性分析有一定困难。等效支撑模型用一等效支撑系统来模拟剪力墙,该模型可以计算由对角开裂引起的应力再分布,但要合适定义桁架模型的几何力学特性比较困难,故应用较少。三垂直杆元模型用三个垂直杆元(TVLEM)通过代表上、下楼板的刚性梁连接,两个外边杆元代表墙两边柱的轴向刚度,中性杆元由垂直、水平和弯曲弹簧组成,在中心杆元与下部钢梁之间加入一高度为 ch 的刚性元素(ch 为底部和顶部钢梁相对旋转中心的高度)。这一模型的主要优点是可以模拟墙横截面中性轴向压缩端的移动,但其中弯曲弹簧的取值是很困难的,弯曲弹簧代表的墙板与边柱之间的协调很难满足,故该模型不能很好地模拟剪力墙的滞变形态。二维板单元模型把 TVLEM 模型中代表中间墙板部分的垂直、水平和转动弹簧用一个二维的非线性板单元代替,该模型提高了计算精度,但计算量增加了很多。二组件模型去掉了三组件模型中滞变特性比较难以确定的拉压杆弹簧,将其刚度以及滞变形态等包括在弯曲弹簧中,形成一个二组件模型,水平弹簧代表墙的横向剪切刚度,转动弹簧代表墙的弯曲刚度。四弹簧模型忽略了三垂直杆元模型的中心弯曲弹簧,墙的抗弯能力由单元两侧的两根非线性弹簧来代替;墙的抗剪能力由中心弹簧组件中的水平弹簧代表,它仍位于距底部刚梁 ch 高处;墙的轴向刚度则由单元两侧的非线性弹簧和中心弹簧组件中的竖向线性弹簧共同表示。Linda 等[84]建议在该模型中,$c = 1/3$。多垂直杆元模型(MVLEM)将位于顶部和底部的两根刚性梁由多个相互平行的垂直杆相

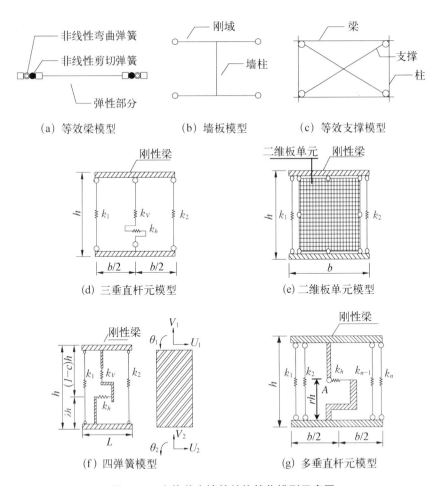

图 2-5　实体剪力墙的结构简化模型示意图

连,其中两侧杆元代表两边柱的轴向和弯曲刚度,而其他内部的垂直杆元代表了中间墙板的轴向和弯曲刚度,位于 ch 高度处的水平弹簧代表了墙体的剪切刚度,墙体围绕着形心轴上的相对转动中心发生转动。该模型既克服了等效梁模型不能反映剪力墙横截面中性轴移动的致命缺点,能较好地模拟墙体竖向钢筋逐步屈服的过程,又解决了三垂直杆元模型中中间的弯曲弹簧与两边柱的变形协调问题,能方便地考虑轴力对墙体受剪和受弯性能的影响,力学概念清晰,计算量不大且精度较高,是目前较为理想的宏观模型。Vulcano 等[83]试算发现 $c=0.4$ 时的结果最好。孙景江等[77]对比 MVLEM 和铁木辛柯分层梁单元模型,从理论上证明了 c 取 0.5。改进的多垂直杆元模型仍采用多垂直杆元模型,并以平面应力膜单元模拟墙体水平抗剪刚度。不同的是改变了原多垂直杆模型中直接以材料应力-应变关系计算垂直杆轴向刚度的做法,而将墙体截面分割成不同的轴力杆[87,91,92],每一轴力杆有各自的力-位移关系,决定于几何尺寸、材料参数和配筋特征。另外,对于实体剪力墙国内外应用较多的还有三维壳元模型和空间薄壁杆件模型(参见本书第 4 章),但目前仅限于弹性分析。

2.3 恢复力模型研究

2.3.1 一种构件的试验恢复力模型研究

恢复力特性是结构在反复荷载(如地震荷载)作用下所表现出的力与位移之间的关系,它是在对结构进行弹塑性分析时必须体现的特性之一。钢筋混凝土恢复力模型包括骨架曲线和滞回规律两大部分。骨架曲线为所有的状态点划定了界限,它反映了开裂、屈服、破坏等特征;滞回关系则体现了结构的高度非线性,它反映了结构的强度退化、刚度退化和滑移等特征。一般来说,在构造恢复力模型时,通常由比较可靠的理论公式确定骨架曲线上的关键点,而由低周反复荷载试验确定滞回规律[93]。简单的恢复力模型比较实用,本书以 5 根劲性混凝土柱为例,介绍由试验提出简单恢复力模型的建立方法。试件的试验情况详见文献[94]。

1. 骨架曲线的关键点

试验试件的承载力各有不同(图 2 - 6(a)),为提出统一的恢复力模型,以较为准确的试验极限承载力点的荷载和位移,作为无量纲化基础点,对骨架曲线进行无量纲化,如图 2 - 6(b)所示。观察无量纲后曲线,其主要被屈服点 Y、极限承载力点 U 和最大位移点 M 划分为屈服前段、屈服后强化段和下降段三段,无量纲化后各试件的反应在前两段中相同,仅下降段呈现不同规律。因此建立的简单恢复力模型除最大位移点的位移与轴压比相关外,其余的关键点荷载和位移均与极限承载力点 U 的荷载和位移相关即可。线性恢复力骨架曲线如图 2 - 6(c)所示。

极限承载力点 U：即与正则化坐标(1.0,1.0)对应的点。

(1) 极限承载力

按已有钢筋混凝土构件的机理分析,结合参数回归,提出劲性钢筋混凝土构件的极限承载力[94]。

$$V_u = \frac{0.2}{\lambda + 1.5} f_c b h_0 + 1.25 \left(f_{sv} \frac{A_{sv}}{s_{sv}} h_0 + f_{av} \frac{A_{av}}{s_{av}} h_0 \right) + 0.07 N$$

$$\frac{V_u}{f_c b h_0} = \frac{0.2}{\lambda + 1.5} + 1.25 \left(\rho_{sv} \frac{f_{sv}}{f_c} + \rho_{av} \frac{f_{av}}{f_c} \right) + 0.07 n_0 \qquad (2-1a)$$

(2) 峰值变形

通过参数分析和试验结构统计分析,极限承载力点对应位移的表达式为

$$\Delta_u = \frac{2\lambda^2}{\lambda + 2} (1.2 - n_0)(0.6\lambda + 5\sqrt{\rho_{sv}\rho_{av}}) L_0 / 1\,000 \qquad (2-1b)$$

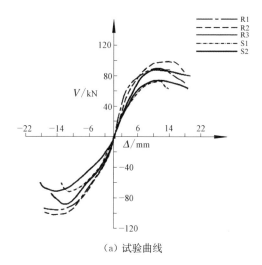

（a）试验曲线

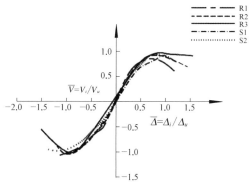

（b）无量纲化曲线

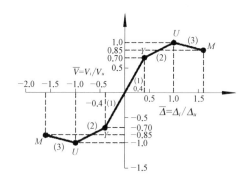

（c）模型曲线

图 2－6　恢复力模型骨架曲线的提出

1) 屈服点 Y

由图 2-6(b)可知,Y 点对应的变形约为极限变形的 0.4 倍,对应的强度约为屈服强度的 0.7 倍,即

$$V_y = 0.7V_u \tag{2-2a}$$

$$\Delta_y = 0.4\Delta_u \tag{2-2b}$$

2) 最大位移点 M

试验中试件的最大位移为极限荷载下降 85% 时对应的变形。考虑到不同试件不同轴压比下受荷的延性不同,定义试件的延性系数 $u = \Delta_{max}/\Delta_y = \Delta_{max}/(0.4\Delta_u)$,正则化坐标表示为 $(0.4u, 0.85)$。劲性钢筋混凝土柱的延性系数随着轴压比的增大而降低,回归试验数据,得到式(2-3):

$$u = 2.9n_0^{-0.2} \tag{2-3}$$

不同截面不同轴压比下劲性钢筋混凝土柱三线型恢复力模型骨架曲线上的关键点均已确定,三线型骨架曲线的表达式为(以正向为例)

(1) $\overline{\Delta} \leqslant 0.4$ 时,$\overline{V} = 1.75\overline{\Delta}$

(2) $0.4 < \overline{\Delta} \leqslant 1.0$ 时,$\overline{V} = 0.7 + 0.5(\overline{\Delta} - 0.4)$

(3) $1.0 < \overline{\Delta} \leqslant 0.4(2.9n^{-0.2})$ 时,

$$\overline{V} = 1.0 - 0.15\frac{\overline{\Delta} - 1.0}{0.4(2.9n^{-0.2}) - 1.0} \tag{2-4}$$

式中,$\overline{V} = V/V_u$,$\overline{\Delta} = \Delta/\Delta_u$,$V_u$,$\Delta_u$ 分别由式(2-1a)和式(2-1b)确定。

2. 滞回规律的确定

滞回规律反映结构的强度退化、刚度退化和滑移等特征,体现在典型 Park 三参数模型中,如图 2-7 所示。

劲性钢筋混凝土试件的滞回曲线如图 2-8 所示。在超过屈服点循环的加载初期,加载曲线的走向基本上指向骨架曲线上的某一定点,属定点

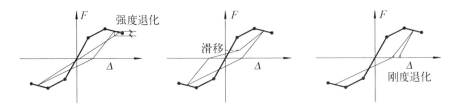

图 2-7 滞回规律中的强度退化、刚度退化和滑移特征

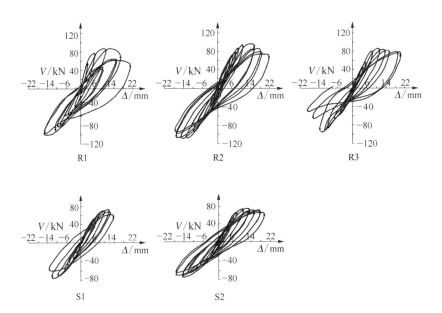

图 2-8 劲性钢筋混凝土试件的滞回曲线

指向型,回归这些定点,取指向点在正则化骨架曲线上的纵坐标为 0.4。在循环的加载末期,加载曲线的走向基本上是指向前一周期曾到达过的最大位移点,超前指向现象并不明显,属原点指向型,不存在明显的强度退化现象。试件的粘结滑移现象也不明显。对于卸载刚度,在最初试验循环中,它与加载初始刚度相同,随着试验的进行,构件的卸载刚度明显降低,回归本试验和多个同类试验数据[95,96] 得到不同轴压比试件的刚度退化与位移之间的关系见图 2-9,从图中可以看出,不同轴压比作用下刚度退化规律趋势基本相同,故忽略轴压比的影响,得到刚度退化公式(式(2-5))。

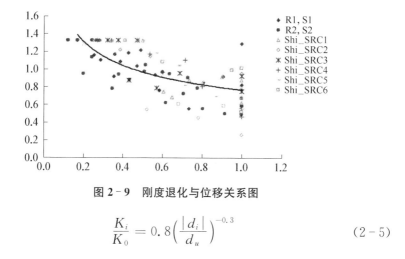

图 2 - 9　刚度退化与位移关系图

$$\frac{K_i}{K_0} = 0.8\left(\frac{|d_i|}{d_u}\right)^{-0.3} \qquad (2-5)$$

提出的简单恢复力模型与试验对比见图 2 - 10。

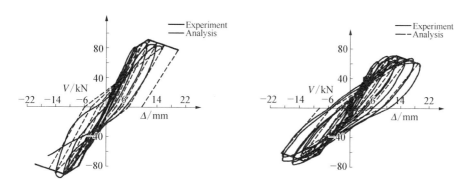

图 2 - 10　提出恢复力模型与试验曲线对比

2.3.2　构件的计算恢复力模型研究

衡量结构抗震性能的重要指标包括刚度、变形、强度、延性、能量耗散及倒塌机制等,因而对结构抗震性能的研究必须考虑恢复力特性。恢复力模型从线型上可分为曲线型和折线型。曲线型恢复力模型给定的刚度是连续变化的,与工程实际较为接近,但在非线性地震反应计算中应用该模型,会带来刚度确定及计算方法选择上的诸多不便,典型曲线型恢复力模型主要有谷资信的标准特征回线(NCL)模型、Osgood模型等;折线型恢复力模型可分为7种类型:双线型、三线型、四线型(带负刚度段)、退化二线型、退化三线型、指向原点型和滑移型[92]。

对于高层钢结构,各类构件的恢复力模型已经相当成熟,对于钢筋混凝土结构,梁柱构件恢复力模型的研究起步较早,也有一些相当实用的模型,常用的梁柱恢复力模型如图2-11所示。

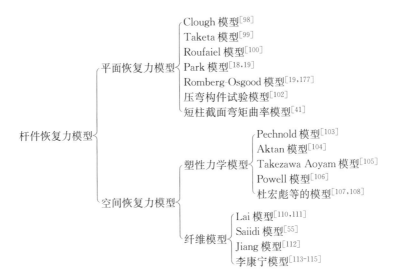

图2-11 杆件恢复力模型分类

多轴加载条件下的空间结构截面恢复力模型目前主要有两种思路可以建立,一是对经典塑性理论方法的拓展,借用塑性理论中将单轴应力-应变关系扩展为多轴应力-应变关系的思路,主要任务包括加载曲面函数的确定、加载曲面移动规则(硬化规律)及塑性流动法则的选择等;二是采用纤维模型来计算建立多轴加载条件下的恢复力模型,主要思路是将分析截面离散化为若干个小单元纤维,并在假定整个截面符合平截面的同时假定每根纤维处于单轴应力状态,根据相应纤维材料的单轴应力-应变关系来计算整个截面的力与变形的非线性关系。从理论上说,经典塑性理论扩展法能统一解决包括轴力与双向弯矩间相互作用在内的若干内力相互作用影响的问题,因而也能包含扭矩的影响。而纤维模型法在实现两主轴方向弯矩之间耦合时,轴力通常都取为定值结合曲率法进行计算,这时的纤维模型用于计算单根模型柱尚可,但用于结构计算时受限。李康宁基于纤维模型开发了可用于空间三维弹塑性分析的 Canny 程序,Lai,Saiidi,Jiang 等人提出多弹簧模型加以克服,多弹簧模型本质上属于纤维模型类型,只是将纤维数简化到能反映轴向与双向弯曲耦合的最少数目。

　　剪力墙由于其本身的复杂性,虽然已经做了大量的研究工作,但目前尚未有得到公认的实用模型[97]。实体剪力墙的各种宏观模型均通过轴向弹簧、弯曲弹簧和水平弹簧的组合来反映剪力墙的轴向变形、弯曲变形和剪切变形,目前常见的滞回关系如图 2‑12 所示。近年来,蒋欢军等[117,118]曾对轴向弹簧的滞回模型做了研究。

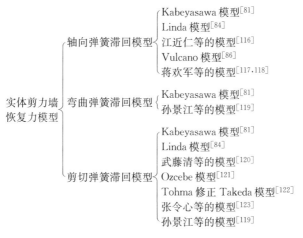

图 2‑12　实体剪力墙恢复力模型分类

2.3.3　通用计算构件恢复力模型软件

　　如本章引言中图 2‑1 所示,在试验基础上提出构件恢复力模型之后,通常可以编制小程序，与试验验证后推广得到不同参数构件的本构模型，以便动力分析使用。目前已有的一些构件本构关系计算软件如下。

求弯矩-曲率关系的通用程序有 USC_RC、XTRACT、Section Builder 等。它们都采用纤维模型，将截面离散化为许多小纤维，每一个纵向主筋视为一个纤维；采用平截面假定及材料单向 σ-ε 曲线；M-φ 关系由位移控制，假定截面曲率从零开始单向逐步增加，由截面曲率计算出每个纤维的应变，再根据每个纤维材料的单向 σ-ε 关系确定其正应力，最后通过截面应力积分求得截面的弯矩和轴力值。各软件特性简要介绍如下。

1. USC_RC[124]

USC_RC 是堪萨斯州立大学的 Asad Esmaeily 个人编写的用于计算钢筋混凝土构件的 M-φ 关系、N-M 关系和 P-Δ 关系的小软件，目前的最新版本为 USC_RC Version 1.0.4。

USC_RC 的截面形式仅可采用矩形截面、中空矩形截面、圆形截面和中空圆形截面 4 种。USC_RC 中对于钢筋的 σ-ε 关系采用自定义的 USC_RC Model，它由屈服前的斜线段、屈服后的平台段、强化至极限应变段 3 段构成，用 $K_1 = \varepsilon_{sh}/\varepsilon_{sy}$、$K_2 = \varepsilon_{su}/\varepsilon_{sy}$、$K_3 = \varepsilon_u/\varepsilon_{sy}$、$K_4 = f_{su}/f_{sy}$ 四个参数进行控制；混凝土的 σ-ε 关系则采用约束混凝土的 Mander 模型[125,126]。USC_RC 无法用于组合构件的计算。

2. XTRACT[127]

XTRACT 是 cross-sectional X sTRuctural Analysis of ComponenTs 中大写字母的缩写，属 Imbsen & Associates 和 Charles Chadwell 联合开发的 Imbsen 系列软件之一。它的前身是 UCFyber，在 2001 年 8 月升级后改名为 XTRACT v2.5.1，目前的最新版本为 XTRACT v3.0.2，它可以用来求给定截面形式、给定材料的 M-φ 关系、N-M 关系和 M_x-M_y 关系。

XTRACT 的截面形式可采用其标准模板中的圆柱截面、方柱截面、矩形梁截面、T 形梁截面、带边缘约束构件的矩形墙截面和钢骨混凝土圆形组合截面等,也可用直线和圆弧建立用户自定义截面形式。在建立用户自定义截面时,程序将按照用户输入的三角形纤维块的大小来对截面进行划分,并可重复做截面以形成开洞或组合截面。

　　XTRACT 中包括无约束混凝土的 Mander 模型、约束混凝土的 Mander 模型、钢筋的双线性模型、钢的抛物线形硬化双线性模型以及 Menegotto Pinto 模型,另外,正版用户可为碳纤维、砌体和高强混凝土等材料定义相应的自定义模型。

　　XTRACT 求得的 $M-\varphi$ 关系可以是截面承受任意方向荷载时弯矩-曲率关系,$N-M$ 关系也可以是关于任意轴的力-弯矩关系,但 XTRACT 在构件截面尺寸较小的情况下不适用。

　　3. Section Builder[128,129]

　　Section Builder 是美国的 CSI 公司(Computers and Structures,Inc.)开发的系列软件之一,它可作为独立软件进行 $M-\varphi$ 关系、M_x-M_y 关系和应力分布图的计算,也可作为 CSI 公司开发的 ETABAS 和 SAP2000 的辅助分析软件,其截面材料信息可输出为 .PRO 文件,为 ETABAS 和 SAP2000 所用,也可输出为 .DXF 文件,用 AutoCAD 进行出图。

　　Section Builder 中包括非常强大的截面库,用户可在需要时从库文件夹中引入简单截面库、复杂截面库、组合材料截面库、组合钢截面库、剪力墙截面库、桥墩截面库、AISC、BS 和 CISC 的标准钢截面库等,也可分别自定义混凝土截面和钢截面后进行组合。软件自动用小纤维块对截面进行划分,其划分精度要高于 XTRACT 的三角形纤维块精度。

　　在生成设计截面时,Section Builder 中可以选用需遵循的规范,目前 Version8.1.0 中所包含的规范有 ACI—318—02、ACI—318—99、ACI—318—95、BS8110—97、BS8110—85、CSA A—23.3—94、AASHTO—1997、EuroCode2、UBC97、SK SNI T—15—1991—03。Section Builder 中包含多种混凝土、钢、钢筋的 $\sigma-\varepsilon$ 模型,用户可自行选用,其中混凝土的本构模型

有 ACI Whitney Rectangle、BS 8110 Rectangle、CSA Rectangle、EuroCode2 Rectangle、AASHTO Rectangle、NZ Rectangle、UBC97 Rectangle、IS 456 Rectangle、Simple Parabola、PCA Parabola、BS 8110 Parabola、Mander Circular Confined、Mander Rectangular Confined、Mander Un-confined、Service Triangle、User Defined Curve（3 Curves Available）等；钢、钢筋的本构模型有 Elasto-Plastic、Elastic Only、Park，Strain Hardening、Simple Strain Hardening、User Defined Curve（3 Curves Available）等。各规范与其适用的混凝土材料本构关系见表 2-1。

表 2-1 Section Builder 采用规范与适用混凝土本构关系

规范 本构关系	ACI—318	BS—97	CSA A—23.3—94	AASHTO—1997	EuroCode2	UBC97	IS 456—78
ACI Rect	√						
BS Rect		√					
CSA Rect			√				
AASHTO Rect				√			
EuroCode2 Rect					√		
NZ Rect							
UBC97 Rect	√					√	
IS 456 Rect							√
Simple Parabola	√	√	√	√	√	√	√
PCA Parabola	√	√		√	√		
BS 8110 Parabola		√			√		
Mander Circular Confined	√	√	√	√	√	√	√
Mander Rect Confined	√	√	√	√	√	√	√
Mander Un-confined	√	√	√	√	√	√	√
Service Triangle	√	√	√	√	√	√	√

USC_RC、XTRACT、Section Builder 的主要指标对比见表 2-2。从表中可以看出，USC_RC 软件无法进行组合材料和用户自定义截面的计算，XTRACT 软件不能用于小尺寸截面构件计算，因而本书选用 Section Builder 软件来计算整体结构弹塑性时程分析中模型结构和原型结构的梁柱构件的弯矩-曲率关系。

表 2-2　USC_RC、XTRACT、Section Builder 主要指标对比

对比指标	计算软件	USC_RC	XTRACT	Section Builder
截面	截面种类	4	6	数种
	组合材料截面	×	√	√
	用户自定义截面	×	√	√
	划分截面纤维块大小控制	自动	人工	自动
	小尺寸截面	√	×	√
材料	钢筋本构关系种类	1	3	4
	混凝土本构关系种类	1	1	15
	钢本构关系种类	0	1	4
	用户自定义本构关系	×	√	√
分析	$M-\varphi$ 关系	√	√	√
	$N-M$ 关系	√	√	×
	$P-\Delta$ 关系	√	×	×
	M_x-M_y 关系	×	√	√
	应力分布图	×	×	√

2.4　本　章　小　结

本章首先总结了结构层面和构件层面的简化模型，然后以 5 个劲性钢

筋混凝土柱为例,提出建立简单的构件试验恢复力模型方法;介绍了梁柱墙构件计算恢复力模型的研究现状;最后对比分析了现有较为成熟的、直接用于构件本构关系计算的 USC_RC、XTRACT、Section Builder 小软件。对比后确定本书第 5 章整体结构的弹塑性动力分析中的梁柱构件的弯矩-曲率关系将由 Section Builder 软件来确定。

第 **3** 章

整体结构动力试验与分析

3.1 引　　言

　　结构抗震分析的最终目的是确保所设计的结构在未来地震中具备预期的功能或性能,达到一定的抗震可靠性,这就要对结构的动力反应进行评估。欲了解结构在地震作用下的动力反应,即是要由结构的已知状态参数 P_0(比如尺寸、配筋等),得到其在一定地震作用下的未知状态参数 P_1(比如结构频率等一些能反映结构抗震性能的指标)(图 3-1)。目前对这一过程的确定方法主要包括抗震试验和理论分析两大部分,随着模拟地震振动台试验的开展,试验与理论都在朝着对整体结构动力性能进行研究的方向迈进[2]。抗震性能的理论分析倾向于实现对整体结构的模型化描述,而理论上的最合理和可靠的抗震试验方法,就是设计一个足尺的"模型",然后等待地震的到来,对其特性进行研究,显然这种想法对实际工程设计来说是不现实的。人们转而求助于振动台试验来模拟地震动,但是即使动力试验实现了地震激励的模拟输入,足尺模型的动力试验,由于施工处理的高费用等仍然不现实,综合考虑上述因素的结果就是目前常用的研究方法——比例模型的模拟地震振动台试验。通过对模型结构实行模拟地震

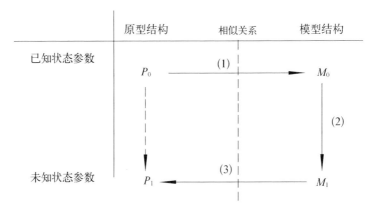

图 3-1 比例模型模拟地震振动台试验思路简图

振动台试验,利用相似性"绕一个圈"来求得原型结构的待求状态参数,其做法思路简述如下。

(1)已知原型结构的已知状态参数 P_0,根据相似性得到模型结构的已知状态参数 M_0;

(2)由模型结构的模拟地震振动台试验,得到模型结构的待求状态参数 M_1;

(3)由模型结构的 M_1,根据相似性再反算得到原型结构的未知状态参数 P_1。

这样,通过模拟地震振动台试验,可以研究结构或构件的动力破坏机理与破坏特征;确定结构的动力特性;获得地震作用沿结构高度的分布规律,为结构动力理论模型提供依据;找到结构的薄弱环节,对整体结构的抗震性能进行评估。近年来,高层建筑功能多样化通常要求建筑底层或底部数层具有开敞的大空间,同时,建筑立面形式也日益丰富多样。结构为适应建筑功能、美观的要求,就出现了底部大空间框支、立面有大洞口错层等特殊效果的高层结构形式,复杂高层结构形式的出现为结构抗震性能研究提出了新的问题。鉴于模拟地震振动台试验的上述特点,有必要采用这种试验方法对各种复杂高层结构进行整体研究,以更充分了解它们的动力反应,更合理地评价它们的抗震性能。

国内外的学者也一直在进行相关内容的工作。在美国，Becker 等[130]做了几何缩尺比为 1/5 的七层钢筋混凝土结构的模拟地震振动台试验；Harris 等[131]用一小型振动台研究了预应力混凝土板结构的抗震性能；Moehle 等[132]曾用这种动力试验方法研究了两个不规则模型的动力特性；日本 Hosoya 等[133]也用振动台对异型柱高层框架模型的抗震性能进行了研究；加拿大的 Filiatrault 等人[134]曾对延性钢筋混凝土框架模型做了模拟地震振动台试验；国内自从 1983 年引入第一个振动台以来，各个高校和研究机构的振动台数量和振动台试验都有增加的趋势。在同济大学土木工程防灾国家重点实验室，曾进行过上海东方明珠电视塔、上海大剧院、浦东机场候机大厅、香格里拉大酒店、广州天王大厦、海口富通大厦等诸多结构的模拟地震振动台试验[135]；清华大学抗震抗爆工程研究室曾对高层建筑剪力墙结构、底层大开间结构、大板结构、筒体结构、框架结构及近海采油平台结构等进行了模拟地震振动台试验研究[136]。目前国内外的主要模拟地震振动台汇总见附录 A。

本章针对一栋短肢剪力墙-筒体复杂高层的整体模型（图 3-2），进行了模拟地震振动台试验研究。旨在通过模型试验结果，对原型结构的动力特性和动力反应进行分析，揭示此类结构在地震作用下的受力性能和反应特点，为改善结构抗震性能提出建议，并拟与后续章节整体模型的弹塑性计算结果进行对比分析。

图 3-2　模型结构立面

3.2 结 构 概 况

某高层住宅,主体结构地上30层,设地下室一层,建筑平面长69 m,宽18.15 m,除底层框支层层高为8.1 m外,其余各层均为3.05 m,结构总高96.55 m。该住宅结构形式为钢筋混凝土底部大空间部分框支剪力墙(筒体)体系,底层大空间,三个剪力墙筒体落地,并设有24根型钢混凝土框支柱(图3-3);2层设钢筋混凝土梁式转换层,过渡到上部的短肢剪力墙结构(图3-4);在16层顶设空中游泳池;17层—23层中部楼板缺失,立面上形成两个21.35 m×19.80 m的大洞;在24层布置型钢混凝土梁式转换层;19层—20层大洞口中设有直径约为9 m的空中健身房,健身房跨越两个筒体,且一端悬挑于中筒,悬挑长度达8.55 m;28层顶屋面设室外游泳池;大屋面以上局部突出。

我国现行建筑抗震设计规范 GB50011—2001[6] 以及高层建筑混凝土结构技术规程 JGJ3—2002[7] 中,对设计结构的规则性要求主要包括高度、平面规则性和立面规则性三方面。具体到钢筋混凝土框支剪力墙结构,规范规定其最大高度和高宽比限值分别为100 m和6,本结构可以满足这一方面的要求;规范对结构平面和立面布置的规则性要求分别如图3-5和图3-6所示,本结构在平面和立面规则性方面均超限。因而该结构属平面和竖向特别不规则的复杂高层建筑,对其进行详细研究,详细研究的内容主要包括:

① 整体结构模型的模拟地震振动台试验[137];

② 线弹性有限元分析(SAP84)[138];

③ 节点以及构件的静力试验[139,140];

④ 整体结构的弹塑性时程分析,这也是本书后续章节的重点内容。

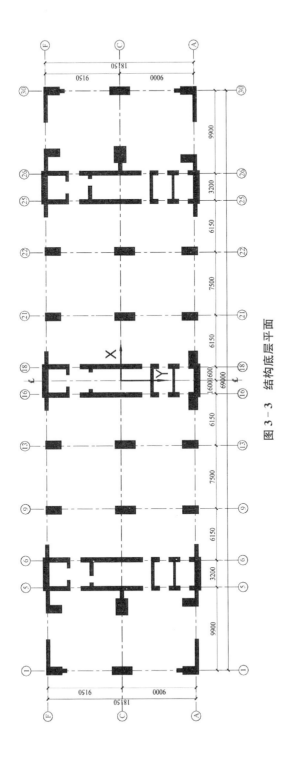

图 3 - 3　结构底层平面

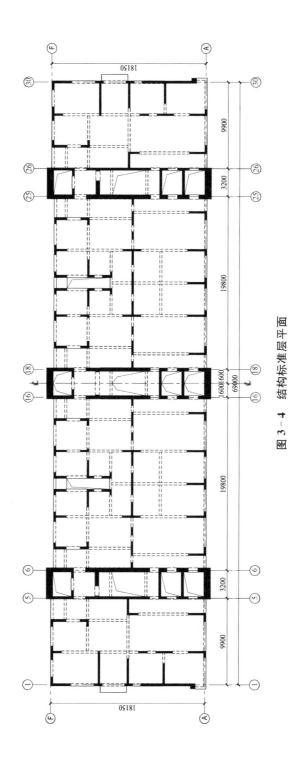

图 3 - 4 结构标准层平面

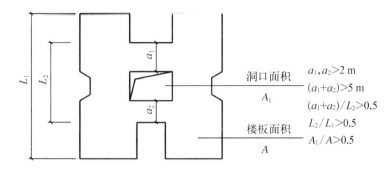

图 3 - 5　JGJ3—2002 对结构平面规则性的要求

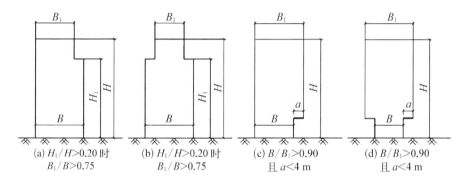

图 3 - 6　JGJ3—2002 对结构立面规则性的要求

本章将给出第①和第②两部分的主要分析和结论,拟与第④部分的整体模型弹塑性计算结论进行对比分析。

3.3　模　型　设　计

3.3.1　试验振动台性能

试验中使用的振动台位于同济大学土木工程防灾国家重点实验室,1983 年自美国 MTS 公司引进,于 1991 年通过国家教委和国家科委的验收,成为我国土木工程防灾领域的唯一的国家级重点实验室。1997 年通过国家教委和国家科委的评审,荣获 A 级重点实验室的称号。2003 年在再次评估中获得"优秀"评价。MTS 振动台基本性能参数如下[141]:

  (1) 台面尺寸   4.0 m×4.0 m

  (2) 震动波形   周期波、随机波等

  (3) 最大试件质量   25 t

  (4) 频率范围   0.1~50 Hz

  (5) 控制振动方式   三方向六自由度

  (6) 数采信道   96 个

  (7) 耗能功率   600 kW

  (8) 地震波形   300 余条地震波

试验室吊车行车基本性能参数:

  (1) 吊车行车起吊净高   7.0 m

  (2) 吊车行车起重能力   5 t/15 t

表 3-1 同济大学振动台台面性能

方　　向	加速度/g	速度/(mm·s^{-1})	位移/mm
水平 X	1.2	1 000	100
水平 Y	0.8	600	50
竖直 Z	0.7	600	50

3.3.2 模型材料

  动力试验模型首先要在明确试验目的的基础上,根据原型结构特点选择模型的类型以及使用材料。也就是说,当试验是为了验证新型结构设计方法和参数的正确性时,研究范围只局限在结构的弹性阶段,则可采用弹性模型。弹性模型的制作材料不必与原型结构材料完全相似,只需在满足结构刚度分布和质量分布相似的基础上,保证模型材料在试验过

程中具有完全的弹性性质,有时用有机玻璃制作的高层或超高层模型就属于这一类。另一方面,如果试验的目的是探讨原型结构在不同水准地震作用下结构的抗震性能时,通常要采用强度模型。强度模型的准确与否取决于模型材料与原型材料在整个弹塑性性能方面的相似程度,微粒混凝土整体结构模型通常属于这一类。以上分析也显现了模型相似设计的重要性。

依据上述原则,确定本动力试验模型为强度模型,这类模型对钢筋混凝土部分的模拟多由微粒混凝土、镀锌铁丝和镀锌丝网制成,其物理特性主要由微粒混凝土来决定,其最大骨料粒径为 4 mm;模拟钢结构的材料选用铜材。

3.3.3　模型相似设计

把握大型模型振动台试验,最关键的是正确地确定模型结构与原型结构之间的相似关系(如图 3-1)。目前常用的相似关系确定方法有方程分析法和量纲分析法两种。当待求问题的函数方程式为已知时,各相似常数之间满足的相似条件可由方程式分析得出,具体方法可参考有关文献[142];量纲分析法的原理是著名的相似定理,即相似物理现象的 π 数相等;n 个物理参数、k 个基本量纲可确定 $(n-k)$ 个 π 数。当待考察问题的规律尚未完全掌握、没有明确的函数关系式时,多用到这种方法。高层建筑结构模拟地震振动台试验研究中包含诸多的物理量,各物理量之间无法写出明确的函数关系。通常用动力方程分析法选取主控相似常数,然后用量纲分析法推导其余物理量的相似常数。

考察动力平衡方程式(1-4),可以看出试验设计中包含对质量、刚度、位移、加速度等参数的相似设计。文献[142]中介绍"在动力试验中要模拟惯性力、恢复力和重力三种力,因而对模型材料的弹性模量、密度的要求很严格,其实质是要求 $[E/\rho al]|_m = [E/\rho al]|_p$",即 $(E/\rho al) = \pi_1$,建立密度 ρ、

弹性模量 E、长度 l 和加速度 a 之间的相似 π 数,使得动力平衡中质量、刚度、位移、加速度的相似得以体现。即

$$\frac{S_E}{S_\rho S_a} = S_l \qquad (3-1)$$

在本试验中,首先选取的是长度相似常数 S_l、应力相似常数 S_ρ、加速度相似常数 S_a 作为 3 个可控相似常数,根据式(3-1)确定第 4 个相似常数 S_ρ,也即决定了人工质量模型的附加质量,校核满足振动台性能。

复杂高层动力反应中还包含速度、频率、刚度、力、弯矩等多个物理量,这些物理量的相似常数则可以通过量纲分析得到。量纲分析法从理论上来说,先要确定相似条件(π 数),然后由可控相似常数,推导其余的相似常数,完成相似设计。传统的量纲分析通常查取各个物理量的量纲,利用多个 π 数关系,列多个多元一次方程组进行求解,过程比较繁杂[143]。本书提出由已知控制物理量量纲幂指数,列变换至未知物理量量纲幂指数为零的似量纲分析法,简化了相似设计中的量纲分析过程,该方法所采用的表格举例见表 3-2。

表 3-2　似量纲分析法举例:求解刚度相似常数 S_K

基本量纲	已知物理量基本量纲幂指数			待求物理量基本量纲幂指数		
	L	σ	a	K	$K-\sigma$	$K-\sigma-L$
[M]	0	1	0	1	0	0
[L]	1	−1	1	0	1	0
[T]	0	−2	−2	−2	0	0

在表 3-2 中,基本量纲为质量[M]、长度[L]和时间[T],已知 3 个相似常数的基本量纲幂指数列在表的左部分,待求相似常数 K 的基本量纲幂指数可查有关文献后列在右边部分的第一列,然后按照线性代数列变换的方法,从左到右进行计算,并记录计算过程,直至各幂指数为零后,由最终

框的计算过程统计,写为

$$S_K S_\sigma^{-1} S_l^{-1} = 1 \Rightarrow S_K = S_\sigma S_l \qquad (3-2)$$

　　根据上述思路,并综合考虑 MTS 振动台性能参数、试验室吊车性能参数、模型材料性能实测值和模型地脉动测试结果等多方面的因素后,最终确定本次试验中采用的主要相似关系见表 3-3。

表 3-3　结构模型相似关系

物理性能	物理参数	微粒混凝土模型	相似常数	备　注
几何性能	长　　度	S_l	1/20	控制尺寸
材料性能	应　　变	S_σ / S_E	1.00	控制材料
	弹性模量	$S_E = S_\sigma$	0.35	
	应　　力	S_σ	0.35	
	质量密度	$S_\sigma / (S_a S_l)$	2.33	
荷载性能	力	$S_\sigma S_l^2$	8.75×10^{-4}	
动力性能	周　　期	$S_l^{0.5} S_a^{-0.5}$	0.13	控制试验
	频　　率	$S_l^{-0.5} S_a^{0.5}$	7.75	
	速　　度	$(S_l S_a)^{0.5}$	0.39	
	加速度	S_a	3.00	

　　结构动力模型设计中,一个值得注意的问题是,对于大比例的整体模型,可以直接采用钢筋或钢筋混凝土制作模型,其设计方法参照有关设计规范直接采用。而对于模型比例较小的情况,由于技术和经济等多方面的原因,一般很难满足全部相似条件做到模型与实物完全相似,比如钢筋(或型钢)混凝土结构的整体强度模型只能做到不完全相似的程度,因为从量纲分析角度讲,构件截面的应力、混凝土的强度、钢筋的强度应该具有相同的相似常数(一般只有 1/3~1/5),然而即使是混凝土的强度能够满足这样的相似关系,也很难找到截面和强度分别满足几何相似关系和材料相似关

系的材料来模拟钢筋。这就要求抓住主要影响因素,简化和减少一些次要的相似要求,也即把握构件层次上的相似原则,对正截面承载能力的控制,依据抗弯能力等效的原则;对斜截面承载能力的模拟,按照抗剪能力等效的原则[144]。本试验以这一近似原则为基础,按式(3-4)和式(3-5),根据原型结构的配筋面积或配筋率计算出模型结构的配筋面积,设计制作了1/20比例的微粒混凝土整体模型(图3-2),并在其中考虑了混凝土强度和钢筋强度采用了不同的相似常数的影响。

$$M^p = f_y^p A_s^p h_0^p, \quad V^p = f_{yv}^p \frac{A_{sv}^p}{s^p} h_0^p \text{(原型结构)}$$

$$M^m = f_y^m A_s^m h_0^m, \quad V^m = f_{yv}^m \frac{A_{sv}^m}{s^m} h_0^m \text{(模型结构)} \qquad (3-3)$$

弯矩相似常数: $\quad S_M = \dfrac{M^m}{M^p} = \dfrac{f_y^m A_s^m h_0^m}{f_y^p A_s^p h_0^p} = \dfrac{A_s^m}{A_s^p} S_{f_y} S_l$

$$A_s^m = A_s^p \frac{S_M}{S_l S_{f_y}} = A_s^p \frac{S_\sigma S_l^2}{S_{f_y}} \qquad (3-4)$$

剪力相似常数: $\quad S_V = \dfrac{V^m}{V^p} = \dfrac{f_{yv}^m \dfrac{A_{sv}^m}{s^m} h_0^m}{f_{yv}^p \dfrac{A_{sv}^p}{s^p} h_0^p} = \dfrac{A_{sv}^m}{A_{sv}^p} S_{f_{yv}} \dfrac{S_l}{S_s}$

$$A_{sv}^m = A_{sv}^p \frac{S_V S_s}{S_{f_{yv}} S_l} = A_{sv}^p \frac{S_\sigma S_l S_s}{S_{f_{yv}}} \qquad (3-5)$$

3.3.4　模型施工

微粒混凝土整体模型的制作,外模采用木模整体滑升,一次滑升三层;内模采用泡沫塑料,泡沫塑料易成型、易拆模,即使有局部不能拆除的内模,对模型刚度的影响也很小。模型施工的基本步骤较普通钢筋混凝土结构施工顺序稍做调整,即支内外模板→扎筋→浇混凝土(图3-7)。

图 3-7　整体模型的施工

每滑升一次模板的同时,用浇筑模型的微粒混凝土同步制作尺寸为 70.7 mm×70.7 mm×70.7 mm、100 mm×100 mm×300 mm 的板、柱(或墙)试块各三块,在达到养护日期后,分别对其进行抗压强度和弹性模量的材性试验,为试验实施前进一步调整模型的相似关系提供依据。本试验模型微粒混凝土的设计强度为 M7—M10,其材料性能标准值见表 3-4。最终确定的相似关系见表 3-3。整个模型施工过程历时近四个月,竣工后的模型总高度约为 5.2 m,模型总重 22 t,其中模型及配重约 17 t,刚性底座重约 5 t。

表 3-4　模型微粒混凝土抗压强度及弹性模量标准值　　　　　　MPa

层　数	抗压强度标准值		弹性模量标准值	
	剪力墙	板	剪力墙	板
2 层	10.50	4.47	13 933	8 001
3 层	8.34	7.80	13 022	12 393
5 层	9.94	7.87	13 492	14 756
8 层	10.40	13.00	14 437	17 433
11 层	9.74	6.20	13 275	11 784
14 层	8.60	6.60	11 777	10 244
17 层	7.27	7.07	12 331	11 684
20 层	5.20	6.74	10 219	9 989
23 层	6.60	6.47	7 789	9 213
平均相似常数	0.30	0.30	0.35	0.35

3.4 试 验 方 案

3.4.1 试验定位

试验时,本模型在振动台上的摆放位置及方向符合原则:尽量使结构质心位于振动台中心,且宜限定在距台面中心半径为 600 mm 的范围内;尽量使结构的弱轴方向与振动台的 X 方向重合,以对模型结构最不利情况进行试验(图 3-8)。

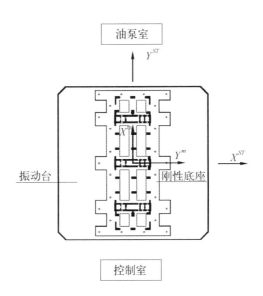

图 3-8 模型结构在振动台上安装位置示意图

3.4.2 传感器的布置

本试验沿结构的 X 向和 Y 向分别布置了加速度传感器,共计 30 个 (A1—A30);6 个位移计分别设置在结构的第 2、第 17、第 24 和屋面层 (D1—D6);另外,在结构的转换大梁、筒体等重要结构构件上设置了 13

个应变片(S1—S13),位置编号如图 3-9 所示,它们的性能指标统计列在表3-5中。

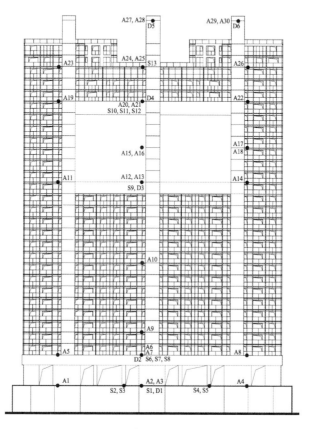

图 3-9　传感器布置示意图

表 3-5　传感器性能指标

传　感　器	性　能　指　标	
	出产公司	扬州电子二厂
	规　格	CA - YD
加速度计	自振频率	10 kHz
	量　程	0.5～4 kHz
	灵敏度	96.5 mV/g

续　表

传　感　器	性　能　指　标	
位　移　计	出产公司	ASM
	规　　格	WS10 GS
	量　　程	±200 mm
电阻应变片	出产公司	黄岩传感器厂
	规　　格	BX120 - 3AA
	标准阻值	120 Ω

3.4.3　输入地震激励

该高层住宅楼处于七度设防烈度区,Ⅳ类场地土,结合原型结构场地条件、动力特性以及振动台的输出性能,选定两条实际地震记录和一条人工模拟地震时程曲线作为模拟地震振动台台面输入波,分别是

(1) El Centro 波(以下简称 E 波),为 1940 年 5 月 18 日美国加利福尼亚 Imperial 山谷地震记录,持时 53.74 s,最大加速度南北方向为 341.7 cm/s²,东西方向为 210.1 cm/s²,竖直方向为 206.3 cm/s²,场地土属Ⅱ—Ⅲ类,震级 6.7 级,震中距 11.5 km,原始记录相当于 8.5 度近震;

(2) Pasadena 波(以下简称 P 波),为 1952 年 7 月 21 日美国加利福尼亚地震记录,持时 77.26 s,最大加速度南北方向为 46.5 cm/s²,东西方向为 52.1 cm/s²,竖直方向为 29.3 cm/s²,场地土属Ⅲ~Ⅳ类,远震;

(3) 上海人工模拟地震地面加速度时程 SHW2[6](以下简称 S 波)。

三种模拟地震激励的时程/频谱图如图 3 - 10—图 3 - 12 所示。其中最大加速度峰值均调至与本结构所处的七度设防区基本烈度下的加速度峰值相一致,为 100 gal。

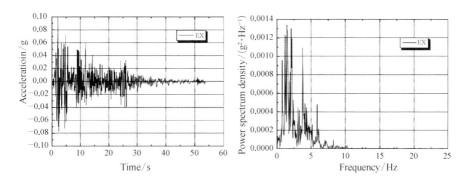

（a）X 向

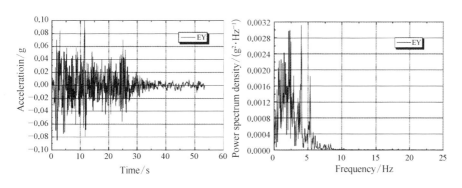

（b）Y 向

图 3-10　El Centro 波时程/频谱

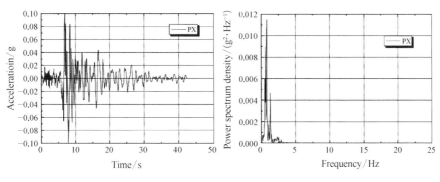

（a）X 向

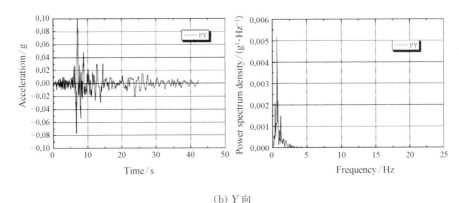

（b）Y 向

图 3‑11　Pasadena 波时程/频谱

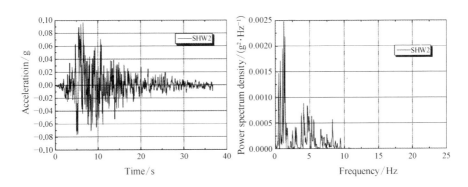

图 3‑12　上海人工 SHW2 波时程/频谱

3.4.4　试验进程

根据 GB50011—2001,试验时,模型结构受到相当于 7 度多遇烈度、基本烈度、罕遇烈度下的台面激励输入。各烈度输入前用白噪声扫频模型以得到模型结构的动力特性;各烈度下的输入按照地震激励(1)—(3)的顺序依次进行。输入加速度幅值按照加速度相似关系进行放大,对于输入方向为双向的 E 波和 P 波,两输入方向加速度幅值之间的比例关系为 1：0.85。

注意到,由于振动台本身的噪声和模型结构对于不同模拟地震激励的反馈效应,设计台面加速度和实测台面加速度之间会存在一定的差异,列在表 3-6 中，以便在后续数据处理反算至原型结构动力反应中予以考虑。

表 3-6　试验进程统计

试验工况	激励编号	烈度	地震激励	主振方向	地震输入值/g				备　注
					Y 方向		X 方向		
					设定值	实际值	设定值	实际值	
C01	W1		第一次白噪声		0.07		0.07		双　向
C02	F7EYX	7度多遇	El Centro	Y	0.11	0.093	0.09	0.085	双　向地震激励
C03	F7EXY			X	0.09	0.078	0.11	0.111	
C04	F7PYX		Pasadena	Y	0.11	0.126	0.09	0.082	双　向地震激励
C05	F7PXY			X	0.09	0.093	0.11	0.116	
C06	F7SHY		SHW2	Y	0.11	0.119			单　向地震激励
C07	F7SHX			X			0.11	0.088	
C08	W2		第二次白噪声		0.07		0.126		双　向
C09	B7EYX	7度基本	El Centro	Y	0.30	0.306	0.26	0.291	双　向地震激励
C10	B7EXY			X	0.26	0.280	0.30	0.333	
C11	B7PYX		Pasadena	Y	0.30	0.349	0.26	0.281	双　向地震激励
C12	B7PXY			X	0.26	0.277	0.30	0.271	
C13	B7SHY		SHW2	Y	0.30	0.574			单　向地震激励
C14	B7SHX			X			0.30	0.290	
C15	W3		第三次白噪声		0.07		0.07		双　向
C16	S7EYX	7度罕遇	El Centro	Y	0.66	0.880	0.56	0.601	双　向地震激励
C17	S7EXY			X	0.56	0.634	0.66	0.634	
C18	S7PYX		Pasadena	Y	0.66	0.651	0.56	0.518	双　向地震激励
C19	S7PXY			X	0.56	0.607	0.66	0.546	
C20	S7SHY		SHW2	Y	0.66	1.011			单　向地震激励
C21	S7SHX			X			0.66	0.588	
C22	W4		第四次白噪声		0.07		0.07		双　向

3.5 试验结果及分析

3.5.1 模型结构试验现象

模型结构在经历各水准地震激励下的整体反应如下：

在 7 度多遇烈度地震考核试验阶段，按加载顺序依次输入 E 波、P 波及 S 波(C02—C07)，各地震波输入后，模型表面未见可见裂缝。地震波输入结束后用白噪声扫描发现模型自振频率略微下降，说明结构已有观测不到的微小裂缝出现。从总体上看，在此试验阶段模型结构仍基本处于弹性工作阶段，模型结构满足"小震不坏"的抗震设防目标。

在 7 度基本烈度地震考核试验阶段各地震波输入作用下(C09—C14)，模型结构表面诸如底层框支柱根部、筒体高度中部以及大洞口底板等局部薄弱节点区域出现可见微裂缝。在此阶段模型结构变形增大，扫频后发现自振频率有进一步下降，结构刚度减小。

在 7 度罕遇烈度地震考核实验阶段(C16—C21)，已观测到的微裂缝在宽度和长度上都有进一步的开展。另外，在高位转换层与筒体相交节点等区域出现新的一批裂缝，突出屋面筒体鞭梢效应明显，结构刚度大幅下降，变形明显。

模型结构的裂缝集中体现在 5 个部位(图 3-13)：

(1) 底部框支柱的多道水平裂缝(图 3-14(a))；

(2) 第 2 层转换层上的水平剪切裂缝(图 3-14(b))；

(3) 筒体中部高度处出现的多道水平裂缝(图 3-14(c))；

(4) 筒体与 24 层刚性转换大梁节点处的裂缝(图 3-14(d))；

(5) 顶部短肢剪力墙肢的裂缝(图 3-14(e))。

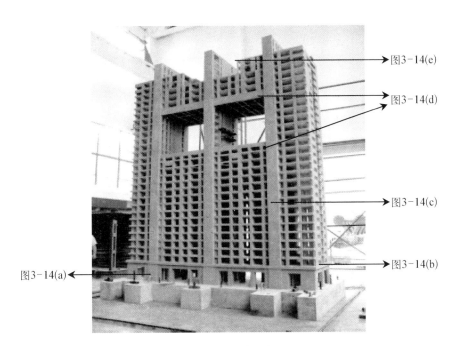

图3-14(e)

图3-14(d)

图3-14(c)

图3-14(b)

图3-14(a)

图 3-13　主要裂缝分布位置图

（a）底部框支柱水平裂缝

（b）第2层转换层上水平裂缝

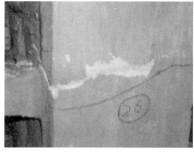

（c）筒体中部高度处多道水平裂缝

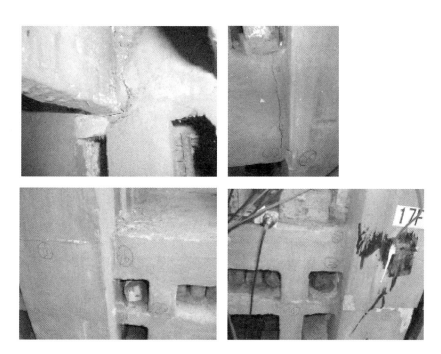

（d）筒体与 24 层刚性转换大梁节点处裂缝

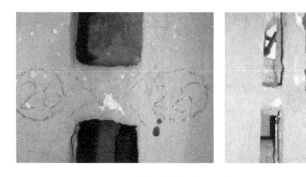

（e）顶部短肢剪力墙肢的裂缝

图 3‑14　主要裂缝图片

3.5.2 模型结构动力特性

各试验考核阶段地震激励输入前,用双向白噪声对模型结构进行扫频,得到各阶段频率变化如图 3-15 所示,模型结构动力特性的变化,统计于表 3-7 中。

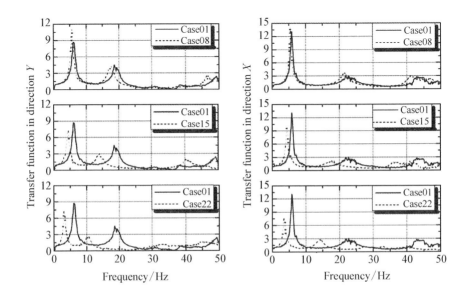

图 3-15 模型结构频率变化

表 3-7 模型结构的频率、阻尼比及振型形态

动力特性		一阶	二阶	三阶	四阶	五阶	比 较
震前	频率/Hz	5.634	5.822	6.949	18.404	22.160	$f_1/f_3=0.81$
	阻尼比	0.052	0.074	0.039	0.054	0.034	$f_2/f_3=0.84$
7度多遇烈度	频率/Hz	5.258	5.446	6.385	17.465	20.846	XY向一阶
	阻尼比	0.043	0.046	0.030	0.052	0.020	平均
	频率变化	(−6.7%)	(−6.5%)	(−8.1%)	(−5.1%)	(−5.9%)	(−6.6%)
	刚度变化	(−12.9%)	(−12.5%)	(−15.6%)	(−9.9%)	(−11.5%)	(−12.7%)

动力特性		一阶	二阶	三阶	四阶	五阶	比　较
7度基本烈度	频率/Hz	4.132	4.319	5.071	13.897	18.217	XY向一阶
	阻尼比	0.069	0.079	0.049	0.065	0.006	平均
	频率变化	(−26.7%)	(−25.8%)	(−27.0%)	(−24.5%)	(−17.8%)	(−26.3%)
	刚度变化	(−46.2%)	(−45.0%)	(−46.7%)	(−43.0%)	(−32.4%)	(−45.6%)
7度罕遇烈度	频率/Hz	3.005	3.380	3.944	10.517	14.461	XY向一阶
	阻尼比	0.104	0.093	0.100	0.069	0.064	平均
	频率变化	(−46.7%)	(−41.9%)	(−43.2%)	(−42.9%)	(−34.7%)	(−44.3%)
	刚度变化	(−71.6%)	(−66.3%)	(−67.8%)	(−67.3%)	(−57.4%)	(−69.0%)
振型形态		Y向平动	X向平动	扭转	X向平动	Y向平动	

表 3-7 给出了模型结构的动力特性,可以看出,结构在 X 向和 Y 向上一阶频率值相近,表明结构两个方向上的等效刚度基本相同。由 $T_3/T_1 = f_1/f_3 = 5.634/6.949 = 0.81 < 0.85$,$T_3/T_2 = f_2/f_3 = 5.822/6.949 = 0.84 < 0.85$,则原型结构周期能满足 JGJ3—2002 的要求。

在 7 度多遇烈度地震后,结构一阶频率在各方向上略有下降,下降值基本相同,平均为 6.6%,等效刚度下降平均为 12.7%,表明结构在 7 度多遇地震作用下已有观测不到的微小裂缝,使得结构刚度略有下降。

在 7 度基本烈度地震后,结构两方向上的刚度均有大幅降低,频率下降明显,一阶频率在各方向上的平均下降值为初始值的 26.3%,等效刚度下降平均为 45.6%,表明在 7 度基本地震波作用下,结构的裂缝有了较大的发展。

在 7 度罕遇烈度地震后,刚度仍有较大幅度下降,平均下降为初始值的 69.0%,Y 向的频率下降值要略大于 X 向的频率下降值,二者平均为 44.3%,表明结构开裂严重,刚度退化大。

总之,在各烈度地震作用下,随着三个剪力墙筒体的开裂,Y 向的频率、刚度的下降幅度要大于 X 向,至 7 度罕遇地震后,结构的等效刚度为开裂前的 28.4%(Y 向)和 33.7%(X 向),结构开裂程度已相当严重。

3.5.3 模型结构惯性力及层间剪力

由各个加速度通道的数据,可以求得模型结构的惯性力沿高度方向的分布,具体步骤如图 3-16 所示。

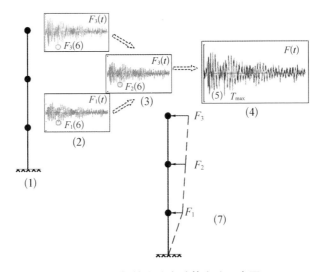

图 3-16 惯性力分布计算方法示意图

(1) 假定各层质量均集中在楼面处,计算各个集中质量值 m;

(2) 将加速度计测得的绝对加速度与相应位置层集中质量 m 相乘,得到相应层惯性力时程;

(3) 利用插值计算得未设置加速度传感器楼层的惯性力时程;

(4) 各层的惯性力时程迭加,得到总的惯性力时程;

(5) 找到与总惯性力时程峰值相应的时间点 T_{max};

(6) 统计与 T_{max} 相应的各楼层惯性力数值(一般也为最值);

(7) 得到各楼层惯性力统计绝对值沿高度的分布图。

1. 惯性力分布

图 3‑17 和图 3‑18 分别绘出了模型结构 Y 向、X 向惯性力峰值沿高度分布情况。

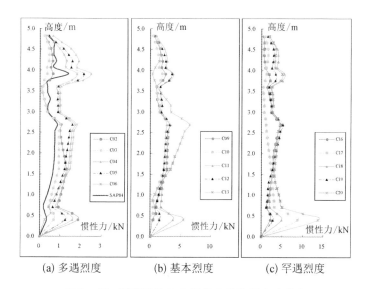

图 3‑17　模型结构 Y 向惯性力峰值沿高度分布

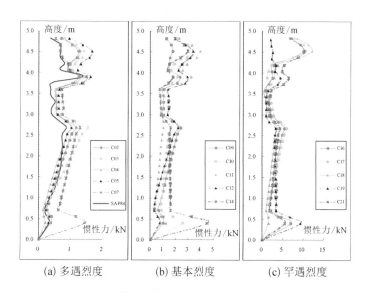

图 3‑18　模型结构 X 向惯性力峰值沿高度分布

从图 3 - 17 和图 3 - 18 中可以看出

(1) 在同一烈度下,各个地震波输入下结构的惯性力分布,趋势基本相同。在结构的 Y 向,惯性力在 2 层和 24 层两个转换层处有较大的突增,在大洞口高度区域有减小;在结构 X 向,也具有相同规律,但是由于该方向上的加速度计埋设少于 Y 向,曲线在 0.5～2.5 m 范围内走向偏直。另外,结构 X 向顶端出屋面筒体位置惯性力有增大,证实了该方向上结构顶端的鞭梢效应;

(2) 在同一烈度下,无论是在 X 向还是 Y 向,惯性力 F_I 的量值基本有

$$F_I^{E波} < F_I^{P波} < F_I^{S波}$$

证实了试验时地震激励输入,由 E 波→P 波→S 波输入顺序的合理性;

(3) 在多遇烈度考核试验阶段地震动输入下,E 波输入后,结构处于弹性状态,惯性力的分布与 SAP84 弹性反应谱法的计算结果相近;之后,P 波、S 波作用下结构的惯性力有增加,增加幅度不大;

(4) 在基本烈度考核实验阶段地震动输入下,Y 向除 C13 工况 S 波输入的数据较大外,其余地震波作用下惯性力的分布基本相同;

(5) 在罕遇烈度考核实验阶段地震动输入下,可以看到随着输入台面加速度幅值的成倍增加,惯性力的幅值成倍增大,除 2 层低位转换层位置处的惯性力大小有离散外,各地震波作用下惯性力分布基本相同,证实了地震波的选取较为合理。

2. 楼层剪力分布

某层楼层剪力是其上各层惯性力之和。图 3 - 19 和图 3 - 20 给出了模型结构楼层剪力与高度的关系,可以看出,在同一烈度下,各个地震波输入下,楼层剪力的分布由高到低基本呈三角形分布。

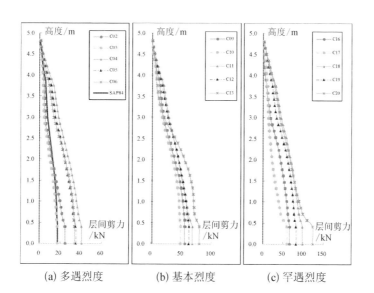

图 3‑19　模型结构 *Y* 向楼层剪力峰值沿高度分布

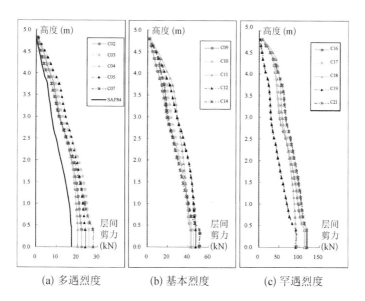

图 3‑20　模型结构 *X* 向楼层剪力峰值沿高度分布

3.6　原型结构动力反应分析

动力分析的最终目的是对原型结构的抗震性能进行评估,以保证设计结构安全可靠。但是,鉴于目前计算分析的近似性以及试验仪器设备的限制,对复杂高层结构的抗震性能评估宜采用计算和试验两方面相结合的方式。此部分将汇集原型结构 SAP84 弹性计算的结果[138]和振动台试验推算的结果,并对二者进行对比,对结构的弹塑性计算将列在本书后续章节中。

3.6.1　原型结构动力特性

根据模型与原型结构之间的动力相似关系式(3-6),可由试验模型结构反应推算出原型结构的反应:

$$f^p = f^m/S_f \qquad (3-6)$$

表 3-8 中总结了 SAP84 弹性计算和动力试验推算的原型结构动力特性,从表中可以看出:

(1)多遇烈度考核试验阶段,结构的频率与 SAP84 弹性计算的结果很接近,再次证实结构在这个阶段几乎处于弹性状态,由 $f_1/f_3 = 0.81$、$f_2/f_3 = 0.84$ 可知结构的扭转反应较小,满足 JGJ3—2002 中第 4.3.5 条对扭转周期的抗震设防要求。

(2)结构计算振型的各阶振动形态与试验结论一一对应(图 3-21—图 3-25),试验与计算的结果相互进行了验证。

表 3 - 8　原型结构动力特性

振　型	频率	考核试验阶段				
		试验前	多　遇	基　本	罕　遇	振型形态
第一振型	f_1^{ST}	0.727	0.678	0.533	0.388	Y 向平动
	f_1^{FEA}	0.762	—	—	—	Y 向平动
	f_1^{ST}/f_1^{FEA}	0.954	—	—	—	—
第二振型	f_2^{ST}	0.751	0.703	0.557	0.436	X 向平动
	f_2^{FEA}	0.766	—	—	—	X 向平动
	f_2^{ST}/f_2^{FEA}	0.980	—	—	—	—
第三振型	f_3^{ST}	0.897	0.824	0.647	0.515	扭　转
	f_3^{FEA}	0.842	—	—	—	扭　转
	f_3^{ST}/f_3^{FEA}	1.065	—	—	—	—
第四振型	f_4^{ST}	2.375	2.254	1.793	1.357	X 向平动
	f_4^{FEA}	2.347	—	—	—	X 向平动
	f_4^{ST}/f_4^{FEA}	1.012	—	—	—	—
第五振型	f_5^{ST}	2.859	2.690	2.351	1.866	Y 向平动
	f_5^{FEA}	2.825	—	—	—	Y 向平动
	f_5^{ST}/f_5^{FEA}	1.012	—	—	—	—

注：表中频率 f 下标数字指的是频率的阶数；上标中"ST"指的是动力试验结果，"FEA"指的是 SAP84 有限元计算程序的结果

(a) SAP84 计算结果

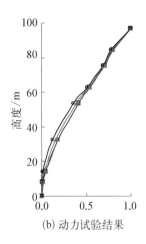

(b) 动力试验结果

图 3 - 21　原型结构第一振型(Y 向平动)

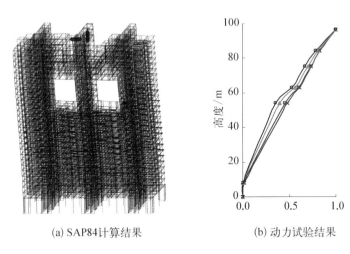

(a) SAP84计算结果   (b) 动力试验结果

图 3‑22　原型结构第二振型(X 向平动)

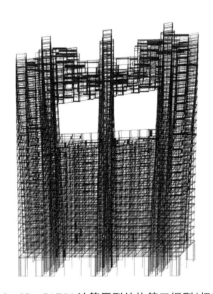

图 3‑23　SAP84 计算原型结构第三振型(扭转)

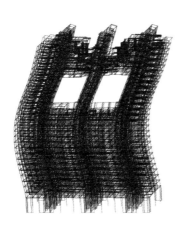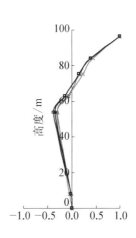

(a) SAP84计算结果　　　　　　　(b) 动力试验结果

图 3‑24　原型结构第四振型(X 向平动)

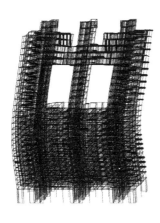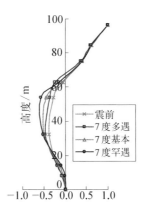

(a) SAP84计算结果　　　　　　　(b) 动力试验结果

图 3‑25　原型结构第五振型(Y 向平动)

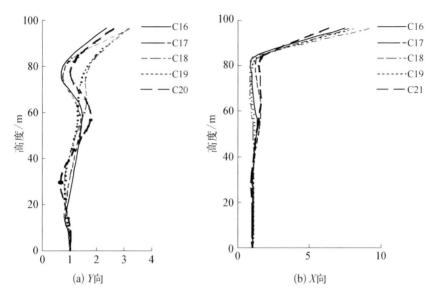

图 3‑26 7 度罕遇地震考核原型结构加速度放大系数沿高度分布

3.6.2 原型结构加速度反应

原型结构在 7 度罕遇地震作用下 X 向和 Y 向的加速度放大系数如图 3‑26 所示。从图 3‑26 中不难看出，在某一地震波输入下，除结构顶部外 X 向和 Y 向的加速度放大系数之间无较大的差异，而在结构出屋面部分 X 向的动力放大系数则是 Y 向的 2～3 倍。在各地震波作用下，Y 向(结构短轴方向)动力放大系数在大洞口中下部 17 层(53.86 m)—20 层(63 m)范围内，曲线均出现右凸现象，动力系数增大；在大洞口的中上部 20 层(63 m)—24 层(75.20 m)范围内回落，且动力放大系数均小于 2.0；至结构顶部动力放大系数再次增大达到 3.2。X 向(结构长边方向)动力放大系数在 27 层以下部分均小于 1.7，大洞口部分略有右凸，但不明显，而顶部突出屋面部分在各地震波作用下的加速度放大系数均突增超过 6.0，最大值达到 9.2，说明 X 向的鞭梢效应非常显著。

3.6.3　原型结构惯性力及楼层剪力

如本书第 3.4.4 节所述,模拟地震激励设计台面加速度和实测台面加速度之间会存在一定的差异,在由模型结构的惯性力分布和楼层剪力分布,计算原型结构的惯性力和楼层剪力时,可按式(3-7)考虑这一误差,其中,a_{gd}^m 和 a_{ga}^m 分别指设计和实测的台面激励峰值,列在表 3-6 中。三水准下各地震激励的平均结果见图 3-27—图 3-29。

$$F^p = \left(\frac{a_{gd}^m}{a_{ga}^m}\right)\frac{F^m}{S_F} \qquad (3-7)$$

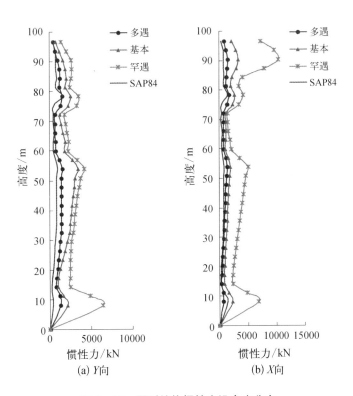

(a) Y 向　　　　(b) X 向

图 3-27　原型结构惯性力沿高度分布

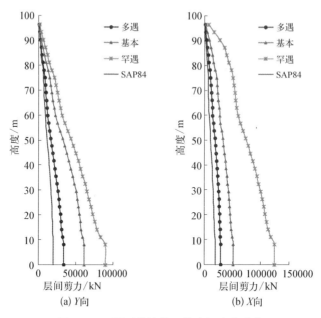

图 3-28 原型结构楼层剪力沿高度分布

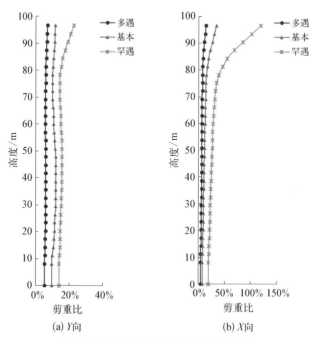

图 3-29 原型结构剪重比沿高度分布

从图 3-27—图 3-29 中可以看出：

(1) 在原型结构的 Y 向和 X 向,多遇地震动输入下的惯性力计算结果与 SAP84 的弹性时程分析结果非常接近,证实了结构在多遇地震动作用下处于弹性状态,计算和试验相互验证了分析的可靠性；

(2) 在结构的顶部,尤其是罕遇烈度考核试验阶段,X 向的惯性力有突增,表明该处的鞭梢效应明显；

(3) 原型结构的剪力沿高度方向呈三角形分布,剪重比分布沿高度约呈平行于高度纵轴的直线,结构各层的剪重比均大于 1.6%,满足GBJ50011—2001 中第 5.2.5 条的要求。

3.6.4　原型结构位移反应

原型结构位移反应可以通过两种方式获得,位移计的结果和加速度通道数据积分两次的结果。对比这两种结果发现它们之间的差别不大,考虑到加速度计的数量比较多,位移分析选用加速度通道数据积分两次的结果,并在其中考虑台面输入误差的影响,见式(3-8)。

$$D^p = \left(\frac{a_{gd}^m}{a_{ga}^m}\right)\frac{D^m}{S_l} \qquad (3-8)$$

表 3-9 列出了各个烈度考核试验阶段地震波作用下推算得到的原型结构屋面最大位移反应、总位移角和最大层间位移角。在 7 度多遇烈度地震作用下,原型结构变形较小,总位移角的最大值为 Y 向 1/1 750,X 向 1/1 672;最大层间位移角(出屋面部分除外)为 Y 向 1/1 049,X 向 1/1 110,均小于 1/1 000,则原型结构能满足 JGJ3—2002 第 4.6.3 条中“小震不坏”的抗震设防标准;在 7 度罕遇烈度地震作用下,总位移角为 Y 向 1/385;X向 1/269;最大层间位移角为 Y 向 1/176,X 向 1/139,均小于 1/120,则原型结构能满足 JGJ3—2002 第 4.6.5 条中“大震不倒”的抗震设防标准。

表3-9 原型结构屋面最大位移、总位移角和最大层间位移角

考核试验阶段		多遇烈度		基本烈度		罕遇烈度	
方向		Y	X	Y	X	Y	X
试验结果	屋面最大位移/mm	55.17	57.75	150.41	195.23	250.55	358.94
	总位移角	1/1 750	1/1 672	1/642	1/495	1/385	1/269
	最大层间位移角	1/1 049	1/1 110	1/293	1/273	1/176	1/139

原型结构的各烈度下平均层间位移角分布见图3-30。由图可知,自结构底部至2层层间位移角有增加;2层—16层层间位移角基本保持常值;在大洞口的中下部17层—20层范围内原型结构层间位移角有突增,7度多遇和7度基本地震烈度下,至大洞口中上部超过20层的范围内,层间位移已回落基本与底部数层相差无几,而在7度罕遇地震烈度下,Y向的层间位移角在整个大洞口范围内(17层—24层)均保持突变值,至24层转换

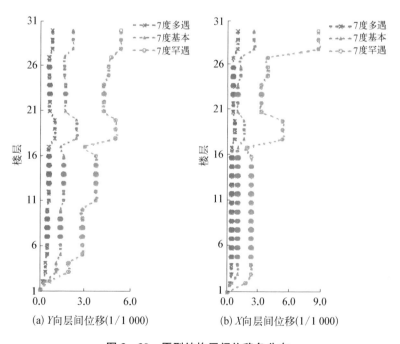

(a) Y向层间位移(1/1 000) (b) X向层间位移(1/1 000)

图3-30 原型结构层间位移角分布

大梁顶部才部分回落。凸出屋面部分层间位移角又有较大增加,7度罕遇烈度下 X 向的层间位移角尤甚,说明结构的大洞口部分为变形较大的薄弱层,结构鞭端效应明显。

3.6.5　原型结构刚度分布

1. 楼层侧向刚度

在 GB50011—2001 第 3.4.2 条和 JGJ3—2002 第 4.4.2 条中将楼层的侧向刚度 K_i 取为该楼层剪力 V_i 和该楼层层间位移 Δu_i 的比值,对结构竖向侧向刚度规则性的规定见图 3-31。在本章第 3.6.3 节和第 3.6.4 节中已分别由动力试验结果推算出了原型结构的楼层剪力和层间位移,这样,按照式(3-9),可以得到本试验结构的楼层侧向刚度分布,如图 3-32 所示。

$$K_i = \frac{V_i}{\Delta u_i} \qquad (3-9)$$

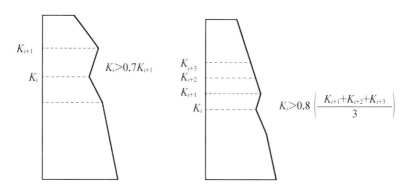

图 3-31　现行规范对楼层侧向刚度的要求

从图 3-32 所示原型结构的楼层侧向刚度分布统计中可以看出:

(1)结构 Y 向竖向刚度满足 JGJ3—2002 第 4.4.2 条对于沿竖向的侧向刚度连续性的要求;X 向在大洞口底部的 17 层和 18 层刚度改变较大,不满足这一要求;

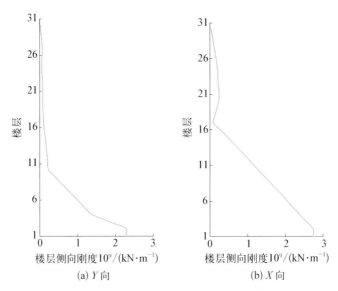

(a) Y 向   (b) X 向

图 3－32　原型结构楼层侧向刚度分布

（2）自结构的底部至大洞口起始的 17 层，虽然总体上满足规范要求，但是，总的来说，结构刚度较大，变化梯度也较大，自 17 层至结构顶部，楼层侧向刚度基本均匀。

图 3－33 给出了原型结构基底剪力-（大屋面）顶点位移关系图，可以看出，结构 Y 向刚度与 X 向刚度相差无几，随着地震激励的输入，Y 向的刚度下降快于 X 向。

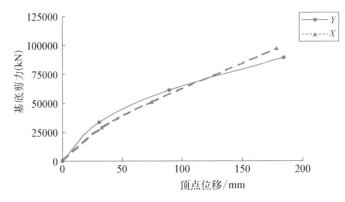

图 3－33　原型结构基底剪力-顶点位移(大屋面)关系图

2. 等效侧向刚度

JGJ3—2002 中规定,对于复杂高层结构,可近似采用等效剪切刚度比 γ 表示结构刚度的变化,计算公式为

$$\gamma = \frac{G_0 A_0}{G_1 A_1} \times \frac{h_1}{h_0} \tag{3-10}$$

$$A_i = A_{wi} + A_{C_i} \quad i = 0,1 \tag{3-11}$$

$$C_i = 2.5 \left(\frac{h_{ci}}{h_i}\right)^2 \quad i = 0,1 \tag{3-12}$$

式中,G_0,G_1 为本层及上一层的混凝土剪切变形模量;A_0,A_1 为本层及上一层的折算抗剪截面面积;A_{wi} 为第 i 层全部剪力墙在计算方向的有效截面面积(不包括翼缘面积);A_{C_i} 为第 i 层全部柱的截面面积;h_i 为第 i 层层高;h_{ci} 为第 i 层柱沿计算方向的截面高度。

图 3-34 给出了原型结构的等效侧向刚度分布图,从图中可以看出,按照式(3-9)计算得的原型结构沿两个方向刚度的分布基本相差不大,但在

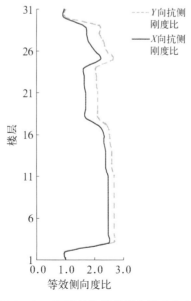

图 3-34　原型结构等效侧向刚度分布

低位转换层上下的等效刚度比超过 2.0,建议进行刚度调整。

3.6.6 原型结构倾覆力矩分布

某层倾覆力矩是其上各层惯性力与距该层高差乘积之和。图 3 - 35 给出了原型结构的倾覆力矩沿高度的分布,可以看出,各地震烈度下,倾覆力矩分布基本均匀,在底层和二层之间略有突增。

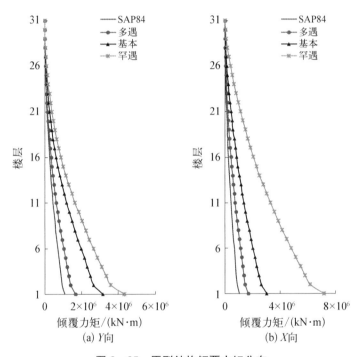

图 3 - 35 原型结构倾覆力矩分布

3.7 结构动力试验讨论

本章总结了某复杂高层模型结构的动力试验分析结果,实践证明,动力试验数据处理分析过程繁杂,部分讨论如下。

图 3-36—图 3-39 分别给出了 Y 向和 X 向的绝对加速度频谱图和相对位移频谱图,可以看出:

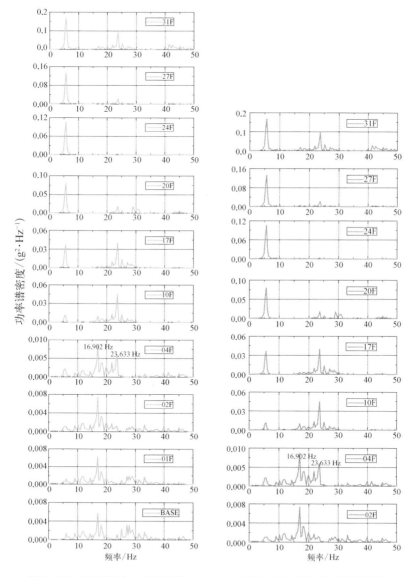

图 3-36　Y 向绝对加速度频谱　　　图 3-37　Y 向相对位移频谱

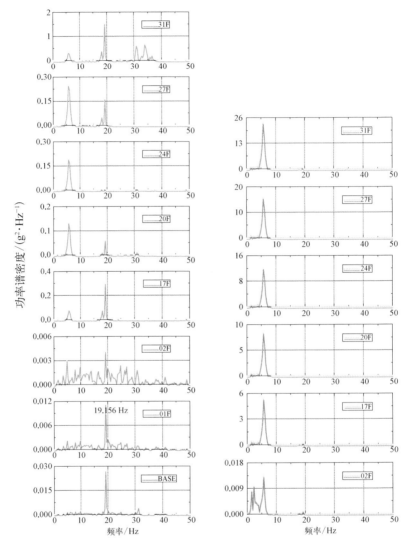

图 3-38　X 向绝对加速度频谱图　　图 3-39　X 向相对位移频谱图

（1）由于本试验采用的振动台无反馈装置，输出的台面波形已发生畸变，见图 3-36 和图 3-38 中的台面 Base 谱。这时，结构模型与振动台构成的"模型-振动台"系统，该系统 Y 向的一二阶频率分别为 16.902 Hz 和 23.633 Hz，X 向的一阶频率为 19.156 Hz，这些频率成为模型反应频谱分析中的干扰频率,对较低高度处的楼层尤甚,应予以剔除。对于模型在振动台上进行激励试验的结果,宜采用各层加速度对台面加速度做传递函数的方法来确定模型的各阶频率和振型;

(2) 高处楼层较低处楼层的数据规律性明显,数据处理时宜优先选用较高处的传感器通道结果。

3.8　整体结构动力试验分析小结

通过本章的试验分析,可以得出以下结论。

(1) 本框支剪力墙结构可以满足 GB50011—2001 和 JGJ3—2001 对于最大高度(100 m)和高宽比限值(小于 6)的要求,但是在平面和立面布置规则性方面均超限,属复杂高层结构体系。

(2) 在规范[6,7]中,对于高层结构的控制指标可以主要总结为对 8 个比值的控制,它们分别是:周期比、剪重比、层间位移、刚度比、刚重比、轴压比、剪跨比和剪压比。对于该整体结构模型的模拟地震振动台试验研究主要涉及对前 4 个比值的考核,通过本章的动力试验分析总结如下。

① 周期比(3.6.1 节)

在试验前用白噪声扫频结构得到结构的频率有 $T_3/T_1 = 0.81, 0.81 < 0.85$;$T_3/T_2 = 0.84, 0.84 < 0.85$,满足 JGJ3—2002 中第 4.3.5 条对扭转周期的要求。

② 剪重比(3.6.3 节)

原型结构的剪力沿高度方向呈三角形分布,剪重比分布沿高度约呈平行于高度纵轴的直线,结构各层的剪重比均大于 1.6%,满足 GBJ50011—2001 中第 5.2.5 条的要求。

③ 层间位移(3.6.4节)

在7度多遇烈度地震作用下,原型结构变形较小,最大层间位移角(出屋面部分除外)为Y向1/1 049,X向1/1 110,均小于1/1 000,原型结构能满足JGJ3—2002第4.6.3条中"小震不坏"的抗震设防标准;在7度罕遇烈度地震作用下,最大层间位移角为Y向1/176,X向1/139,均小于1/120,则原型结构能满足JGJ3—2002第4.6.5条中"大震不倒"的抗震设防标准。

④ 刚度比(3.6.5节)

在原型结构Y向有$K_i>0.7K_{i+1}$和$K_i>0.8(K_{i+1}+K_{i+2}+K_{i+3})/3$,该方向上的刚度满足JGJ3—2002第4.4.2条对于沿竖向的侧向刚度连续性的要求;X向在大洞口底部的17、18层刚度改变较大,无法满足这一要求。

(3) 在动力试验分析中,多处证实本结构在遭遇多遇烈度地震时,处于弹性状态,满足小震不坏的抗震设防标准。

① 试验现象方面(3.5.1节)

7度多遇烈度地震考核试验阶段的各地震波输入后,模型表面未见可见裂缝,结构仍基本处于弹性工作阶段。

② 动力特性方面(3.5.2节)

地震波输入结束后用白噪声扫描发现结构一阶频率在两个方向上都略微下降,平均下降值为初始值的6.6%,且得到的结构的频率与SAP84弹性计算的结果[138]很接近,再次证实结构在这个阶段几乎处于弹性状态。

③ 惯性力方面(3.6.3节)

通过多遇烈度地震考核试验阶段加速度传感器得出的惯性力分布与SAP84弹性分析的惯性力分布吻合较好,说明在此阶段结构的刚度并未见明显下降,结构仍处于弹性阶段。

(4) 同样动力试验分析也多处表明结构顶部突出屋面筒体处的鞭梢效应明显。

① 试验现象方面(3.5.1 节)

在 7 度罕遇烈度地震考核实验阶段(C16—C21),结构变形明显,尤其是突出屋面筒体水平裂缝通长发展,鞭梢效应明显。

② 惯性力方面(3.5.3 节)

在结构顶部的惯性力分布,尤其是罕遇烈度考核试验阶段,X 向的惯性力有突增,表明该处的鞭梢效应明显。

③ 加速度放大系数方面(3.6.2 节)

原型结构顶部突出屋面部分在各地震波作用下的加速度放大系数均突增,超过 6.0,最大值达到 9.2,则 X 向的鞭梢效应非常显著。

④ 位移方面(3.6.4 节)

原型结构的各烈度下平均层间位移角分布表明结构在凸出屋面部分层间位移角有较大增加,7 度罕遇烈度下 X 向的层间位移角尤其,鞭梢效应明显。

(5) 本章对该复杂体系短肢剪力墙-筒体结构进行了动力试验结果和 SA84 弹性计算结果的对比分析,建议如下。

① 加大三个竖向筒体的厚度

在整体模型试验中,发现三个竖向交通区构成的筒体在遭遇地震激励后,其中上部分楼层高度处数层筒体出现水平裂缝;另外,SAP84 计算[138]也显示,如将筒体横向墙片的厚度增大到 400 mm,则结构的周期和弹性位移更为合理,故建议将原型结构筒体横向墙片厚度适当增加。

② 改善端部筒体强度和延性

由第(4)条分析可以看出,结构的鞭梢效应明显,故应考虑适当提高突出大屋面部分剪力墙(筒体)的强度和延性,合理调整其刚度,避免过大的变形集中,防止突出物可能发生的倒塌。

③ 改善转换大梁与剪力墙筒体相连处的延性

试验现象表明,随着地震烈度的增大,位于转换大梁与筒体相交位置处的节点区域,裂缝不断发展;另外,对结构楼层的侧向刚度分析也发现结构竖向刚度在此高度处附近出现不连续,故建议改善两个转换大梁与剪力墙筒体相连处的延性,使结构体系的整体抗震性能更为合理。

④ 注意短肢剪力墙的连梁

动力试验中,短肢剪力墙结构竖向构件根部大多为水平裂缝,结构变形主要以弯曲为主,墙肢中尤其是底部基层可能楼层不出现反弯点,或仅少数构件出现反弯点,这是可以从整体模型动力试验现象推断出的短肢剪力墙的一个重要特征。但是,短肢墙间梁式破坏的弱连梁特征,由于结构模型比例较小,无法在整体结构模型中清楚显现,故建议对小墙肢之间连梁进行进一步研究,以改善其延性。

(6) 在动力试验数据处理时,采用各层加速度对台面加速度做传递函数的方法来确定模型的各阶频率和振型将更为合理,且宜优先选用较高处的传感器通道结果。

3.9 本章小结

本章介绍了某复杂高层结构整体模型的设计尤其是相似设计、模型施工、试验方案,并详细进行了模型动力试验结果和原型动力反应分析与讨论,完成本文两步走的第一步工作。

第4章

结构分析软件

4.1 引　　言

　　随着高层建筑结构的发展,其计算方法层出不穷,一般有解析法、数值法、半解析半数值法等。应用解析法时,通常经过一定的假定,建立简化的高层结构模型满足的方程式和边界条件,求出需要的内力等,文献[145]曾作过框架-剪力墙结构的解析计算;文献[146]曾作过把柱和梁折算成等效连续体、基本未知数不考虑结构层数影响的有限条法。然而高层结构即使经过简化,其计算模型仍与解析计算模型之间相去甚远,更常采用的是数值法,即有限元法,通过结构离散、单元分析、总体分析三大步,将连续体转化为有限个节点相连的离散体之和,按照“分—和—分”的理念完成高层结构的计算分析。另外,还有介于解析法和数值法之间的半解析半数值法,称为广义有限条法[147]、有限元—有限条杂交法[148]等。

　　有限元数值计算方法具有精度高、通用性强等优点,过去用于高层结构的计算分析时,常受到计算机容量和机时的限制,随着计算存储器的增大以及处理器、求解器速度的不断提高,对有限元划分后的高层结构进行动力弹塑性时程计算分析,更准确地把握高层结构尤其是复杂高层结构在地震作用下的反应特点,必将是大势所趋。本章在前文详细阐述地震动输入、结构的简化模型、构件的恢复力模型以及结果的判断标准等动力弹塑性分析主要内容的基础上,对目前国内外常见的结构动力设计计算软件和有限元分析软件的特点进行了分类介绍,最后详细介绍本书计算分析使用的 Strand 7 软件。

4.2 国内外结构设计计算软件

对于复杂结构的动力分析,不同模型的计算结果有可能相差甚远。因此,在对结构进行弹塑性时程分析时要注意对于某一特定的结构选用合适的计算模型;以简化后的模型为基础,选用合适的计算程序进行计算和进行比较。计算分析程序的发展大体上经历了三代:第一代为平面分析;第二代为空间协同;第三代为空间分析。无论是钢筋混凝土结构平面模型,还是空间模型,梁、柱均可简化为杆件参与结构的整体计算,而对剪力墙和楼板的模型化假定成了关键,它决定了结构分析模型的科学性和计算精度。按照对剪力墙和楼板的不同简化,国内外的计算分析软件可以分为空间杆系模型类、板-梁墙元模型类和壳元墙元模型类三大类计算软件。

4.2.1 空间杆系模型类计算软件

TBSA、TAT 等程序均属于结构空间分析的第一代程序,其构件均采用空间杆系单元,其中梁、柱均采用简化的空间杆单元,剪力墙则采用空间薄壁杆单元,在形成单刚后再加入刚性楼板的位移协调矩阵,引入了楼板无限刚性假设。

薄壁杆件模型存在以下缺点。① 没有考虑剪力墙的剪切变形。由于此模型假定薄壁杆件的断面保持平截面,实际上忽略了各墙肢的次要变形,增大了结构刚度。但另一方面,对于剪力墙上的洞口,空间杆系程序只能作为梁进行分析,将实际结构中连梁对墙肢的一段连续约束简化为点约束,削弱了结构刚度。所以计算时对实际结构的刚度是增大还是削弱要看墙肢与连梁的比例。② 变形不协调。当结构模型中出现拐角刚域时,截面的翘曲自由度(对应的杆端力为双力矩)不连续,造成误差。③ 计算结构转换层时误差较大。杆单元点接触传力与变形的特点使薄壁杆件模型在计算结构转换层时误差较大,因为从实际结构来看,剪力墙与转换结构的连接是线连接(不考虑墙厚的话),实际作用于转换结构的力是不均匀分布力,而杆件模型只能简化为一集中力与一弯矩。这样,在以下几种情况下,用薄壁杆件进行结构分析时,可能会有一定的误差:有框支剪力墙存在,荷载分布有较大的不均匀;剪力墙纵向洞口不对齐;剪力墙墙肢连接复杂;剪力墙纵向布置变化较大;有较多长而矮的剪力墙段;结构转换层计算等。

4.2.2 板-梁墙元模型类计算软件

ETABS 等程序就属于这一类,仍采用空间杆系计算梁柱构件,把无洞口或有小孔口的一片剪力墙简化为一个膜单元+边梁+边柱,其实质是平面单元,基本上是一个由平面单元经改造成的空间单元。膜单元只能承受平面内的荷载,即只有墙平面内的抗弯、抗剪和抗压刚度,平面外刚度为零;边梁为一种特殊的刚性梁,其在墙平面内的抗剪、抗弯和轴向刚度无限大,垂直于墙平面的抗弯、抗剪和轴向刚度为零,每根边梁除梁端节点处,中间还有一个刚性节点,这个节点可用"静力凝聚"方法消去;边柱的作用为等效替代剪力墙的平面外刚度。

板-梁墙元模型剪力墙洞口间部分模型化为一个梁单元,削弱了剪力墙实际的变形协调关系,由薄壁杆件模型的讨论可知这种单元导致整体计算结果偏柔。

需要说明的是,一般的有限元建模部分有很大一部分时间耗费在相邻对象的网格不能吻合的过渡区域里建立恰当的网格划分上,比如在墙和楼板的交界处等经常出现这一问题。在 ETABS 中,通过线约束自动保证相邻对象间的单元剖分协调一致,这些位移插值的线约束是作为有限元分析模型(在程序内部完成)的一部分自动生成于不匹配网格的相交处,从而消除了用户对边界剖分单元过渡的担心[149]。

4.2.3　壳元墙元模型类计算软件

SATWE,SAP84 等程序就属于这一类。这类程序除了用空间杆系计算梁柱构件外,用每一个节点 6 个自由度的壳元来模拟剪力墙单元,剪力墙既有平面内的刚度,又有平面外刚度;楼板既可以按弹性板(包括三角形和矩形薄壳单元、四节点等参薄壳单元)和厚板单元(包括三角形厚板单元和四节点等参厚板单元)考虑,也可以按刚性板考虑。其中,楼板整体平面无限刚假定多用于常规结构;楼板分块内无限刚假定适用于多塔式错层结构;楼板分块平面内无限刚,并带有弹性连接板带适用于楼板局部开大洞口,塔楼与塔楼之间上部相连的多塔结构;楼板为弹性假定则用于平面长宽比较大的结构、特殊楼板结构或要求分析精度高的高层结构。应用这种模型时还要注意并不是墙元划分得越细越好,当墙元划分过细时,由于单元有一定的厚度,当单元的长宽向与单元的厚度之比接近时,墙单元就不能再作为墙元计算。

由于本书的复杂结构是短肢剪力墙-筒体结构,注意到一个有争议的问题是对异型柱的处理。异型柱在广东又叫短肢剪力墙,虽然名称和剪力墙相关,但其计算却不能用剪力墙的方法来算。TBSA 用户手册建议将异形柱折算成惯性矩相同的矩形截面柱进行整体分析,取得内力后再进行详细的计算。这种方法用起来很不方便,另外,这种折算只能保证两个参数的正确,其他如截面面积、转动惯量等参数都很难与原构件保持一致。当用 PKPM 程序进行这类结构体系设计时,将结构体系确定为复杂高层还是短肢剪力墙结构将会带来不同的计算结果。在 SATWE 程序中,对复杂高层和短肢剪力墙结构中的框支梁、柱的计算都相同,但是对这两种结构体系中的剪力墙在抗震等级范围、剪力墙轴压比、内力计算增大系数、底部加强部位配筋率以及底部加强部位高度等方面的规定均有不同。文献[150]通过实例 SATWE 计算对比得出在地震组合作用下,"复杂高层"结构体系的弯矩值一般要大于"短肢剪力墙"结构体系的弯矩值,而地震组合作用下的剪力值则正好相反。因而,对于带短肢剪力墙的框支结构,单纯的按某一种结构体系的设计计算,都有可能带来不安全的隐患,有必要用有限元方法对其进行整体抗震性能分析,分析结构在地震荷载作用下的动力反应,更好地对其抗震性能进行评估。

4.3　有限元分析基本原理

4.3.1　有限元分析总体思路

钢筋混凝土结构形式多样,受力情况复杂,考虑将其分解成微小的单元后进行分析,最后再合成总的结构或构件的受力情况,对理论分析和实际模拟都具有十分重要的意义。即有限元方法分三步走:结构离散、单元分析和总体分析。有限元法是由单元分析来反映结构的总体响应,由此可见单元分析的重要地位。

4.3.2　有限元分析基本原理

单元分析中,最终目的是建立节点力与节点位移之间的关系,以备总体分析使用,即寻找

$$\{F\}^e = [k]^e \{\delta\}^e \tag{4-1}$$

由虚功原理： $$(\{\delta^*\}^e)^T\{F\}^e = \int_V (\varepsilon^*)^T\{\sigma\}\mathrm{d}V \qquad (4-2)$$

由物理方程： $\{\sigma\} = [D]\{\varepsilon\} \Rightarrow (\{\delta^*\}^e)^T\{F\}^e = \int_V \{\varepsilon^*\}^T[D]\{\varepsilon\}\mathrm{d}V$

$$(4-3)$$

由几何方程：

$$\{\varepsilon\} = [B]\{\delta\} \Rightarrow (\{\delta^*\}^e)^T\{F\}^e$$

$$= \int_V (\{\delta^*\}^e)^T[B]^T[D][B]\{\delta\}^e\mathrm{d}V \qquad (4-4)$$

得到 $$\{F\}^e = [k]^e\{\delta\}^e = \left(\int_V [B]^T[D][B]\mathrm{d}V\right)\{\delta\}^e \qquad (4-5)$$

实际操作中，则依据从下到上的顺序进行，即

（1）几何方程欲求单元内部应变与节点位移之间的关系（[B]）

单元内部应变与单元内部位移之间有对应关系（求导），故需单元内部位移与节点位移之间的关系（[N]），实际操作中，也是依据从下到上的顺序进行。

[N]反映的是单元特性：

$$\text{简单单元} \ [N] = f(x,y)$$

等参元 $[N] = f(\xi,\eta) \qquad (x,y) = g(\xi,\eta)$

（坐标之间选用与位移模式相同的形函数[N]，形成等参元的概念）

（2）物理方程欲求单元内部应力与单元内部应变之间的关系（[D]）

[D]反映的是材料的特性，对结构的非线性体现在这一部分。

（3）虚功原理欲求节点力与节点位移之间的关系（[K] = $\int_V [B]^T[D][B]\mathrm{d}V$）

因此可见，有限元分析中两个重要的部分就是形函数[N]和弹性矩阵[D]的选取，分别对应于计算中单元的选取和材料本构关系的确定。

4.4　Strand 7 软件介绍

在选择地震作用下整体结构反应计算的有限元软件时，软件是否能进行时程分析、是否能考虑材料非线性、考虑材料非线性时的本构关系为何种层面等是要考虑的首要特性。例如 Ansys、Abaqus 等有限元分析软件，具有非常强大的非线性能力，也能够输入地震波进行时程分析，但是它们在考虑材料非线性时均是基于材料的应力-应变关系层面，这势必造成计算计时的延长。在 Strand 7 中可以定义地震输入时程进行非线性时程分析，且用户可以自己定义应力-应变关系表、弯矩-曲率关系表、力-位移关系表等，然后将这些表格名称与相应材料构件属性相关即可。本书选用 Strand 7 进行整体结构在地震作用下的有限元计算分析。

4.4.1　Strand 7 软件介绍

有限元方法是迄今为止最为有效的结构数值分析工具，可视化的有限元分析更有助于指导结构设计。Strand 7 即是面向工程的可视化有限元计算分析软件。它是由 G＋D Computing 公司开发的、可用于 Windows NT4®、Windows® 98/95 的通用有限元分析软件，它适合解决有关航空、土木、机械、造船、结构、土工技术工程、重工业以及材料处理等许多领域的问题，由遍布亚欧的合格代理商销售并提供技术支持。Strand 7 的前、后处理及求解功能，为建立有限元模型并得到分析结果提供了一个单一一致的环境系统。

Strand 7 的前处理界面包括一系列直接建模和简化建模的工具，所有单元能被完全着色以提高模型的可视性。Strand 7 的求解能力包括线性和非线性静力分析（具有自动荷载分布施加及再启动功能）；线性和非线性瞬态动力分析;线性屈曲分析;固有频率分析;谐响应分析;谱响应分析;线性和非线性稳态热传导分析;线性和非线性瞬态热传导分析。非线性求解支持几何非线性、材料非线性(包括塑性和大应变)和边界非线性(例如接触),它们也包括在固有频率和屈曲的求解器中。Strand 7 的后处理可以按屏幕显示和文件输出等方式摘取分析结果,也可方便地打印分析结果。Strand 7 应用流程总结于附表 B。

4.4.2 Strand 7 常用线单元[151]

Strand 7 中线单元(Linear Element)主要包括 Spring-Damper、Cable、Truss、Cutoff Bar、Point Contact、Beam、Pipe、Connection、User-defined 等形式,本书研究的梁柱均采用传统的梁单元(Beam Element)。

1. 梁单元分类

Strand 7 中的梁单元按其受力特性分为浅梁(Thin Beam)、深梁(Thick Beam)和弹性地基梁(Beam on Elastic Foundation)。这里主要介绍上部整体结构分析中常用的浅梁和深梁。每个梁端节点具有 3 个平动自由度和 3 个转动自由度,梁单元的自由度编号顺序、主轴坐标系、截面局部坐标系分别见图 4-1—图 4-3。

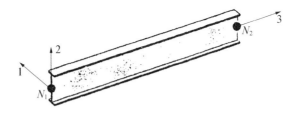

图 4-1 梁单元自由度编号顺序

2. 浅梁、深梁单元对比

在 Strand 7 中,浅梁、深梁的轴向变形和扭转变形的计算方法是相同的,而横向变形的计算各不相同。

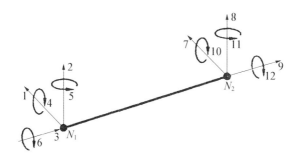

图 4－2　梁单元主轴坐标系

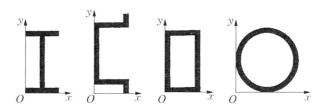

图 4－3　梁单元截面局部坐标系

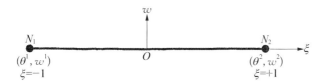

图 4－4　梁单元自然坐标系

在自然坐标系中,以节点位移表示的单元内部轴向位移(u_3^i)和扭转位移(θ_3^i)分别为

$$u_3 = \sum_{i=1}^{2} \left(\frac{1+\xi^i\xi}{2}\right)u_3^i \qquad (4-6)$$

$$\theta_3 = \sum_{i=1}^{2} \left(\frac{1+\xi^i\xi}{2}\right)\theta_3^i \qquad (4-7)$$

$$\frac{d}{d\xi} = \frac{L}{2}\frac{d}{dx} \qquad (4-8)$$

注意到在对自然坐标系的偏分与对 x 轴坐标系的偏分之间有式(4-8)的关系,则相应于单元刚度矩阵中的子块分别为

$$\boldsymbol{K}_a^e = \frac{AE}{L}\begin{bmatrix} 1 & -1 \\ -1 & 1 \end{bmatrix} \tag{4-9}$$

$$\boldsymbol{K}_t^e = \frac{GJ}{L}\begin{bmatrix} 1 & -1 \\ -1 & 1 \end{bmatrix} \tag{4-10}$$

浅梁和深梁的主要区别在于横向变形结果中对于剪切变形的考虑。文献[151]给出不同箱形截面悬臂梁承受端部荷载时,按浅梁和深梁分析结果对比(图4-5),可以看出,当梁相对较短或截面较高时,按浅梁计算将低估梁的横向变形。Strand 7中浅梁的剪切变形忽略不计,而深梁的剪切变形用剪切面积(Shear Area)来考虑。

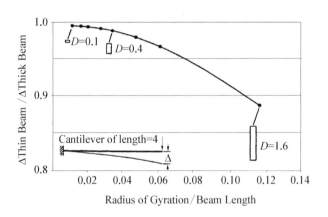

图4-5 浅梁和深梁的横向变形结果对比

浅梁单元公式遵循经典弯曲梁理论,即 Euler-Bernoulli 梁理论,它适用于长度与截面高度比适中梁的小变形计算。基本假定有两个:

(1)平截面变形后仍然保持平面;

(2)平截面的法线方向始终与变形曲线的切线方向一致。

根据假定(1),截面上所有点的轴向变形可由截面的旋转计算;根据假

定（2），截面的旋转可以由横向变形推导出来。浅梁单元的横向变形为

$$w = \sum_{i=1}^{2} \left[\frac{1}{4}(2-\xi^i\xi)(1+\xi^i\xi)^2 - \frac{L}{8}(\xi^i+\xi)(1-\xi^2) \right] \left\{ \begin{matrix} w \\ \theta \end{matrix} \right\}^i$$

$$(4-11)$$

$$\theta = \sum_{i=1}^{2} \left[\frac{3\xi^i}{2L}(1-\xi^2) \quad \frac{1}{4}(-1+2\xi^i\xi+3\xi^2) \right] \left\{ \begin{matrix} w \\ \theta \end{matrix} \right\}^i \qquad (4-12)$$

相应于单元刚度矩阵中的子块为

$$\boldsymbol{K}_b^e = \frac{EI}{L^3} \begin{bmatrix} 12 & 6L & -12 & 6L \\ & 4L^2 & -6L & 2L^2 \\ \text{对} & & 12 & -6L \\ & \text{称} & & 4L^2 \end{bmatrix} \qquad (4-13)$$

深梁单元公式遵循深梁弯曲公式，即 Timoshenko 梁理论，基本假定为

（1）平截面变形后仍然保持平面；

（2）平截面的旋转与剪切变形相互独立。

Timoshenko 梁的假定（1）与经典 Euler-Bernoulli 梁相同，因而截面上所有点的轴向变形可由截面的旋转计算；

根据假定（2），横向变形中要单独考虑剪切变形。深梁单元的横向变形为：

$$w = \sum_{i=1}^{2} \left[\frac{1}{6\beta}(1+\xi^i\xi)(3\beta-\xi^i\xi+\xi^2)^2 \quad L\left(\frac{\xi}{12\beta}-\frac{\xi^i}{8}\right)(1-\xi^2) \right] \left\{ \begin{matrix} w \\ \theta \end{matrix} \right\}^i$$

$$(4-14)$$

$$\theta = \sum_{i=1}^{2} \left[-\frac{\xi^i}{\beta L}(1-\xi^2) \quad \frac{1}{2}\left[(1+\xi^i\xi)+\frac{1}{\beta}(1-\xi^2)\right] \right] \left\{ \begin{matrix} w \\ \theta \end{matrix} \right\}^i$$

$$(4-15)$$

$$\beta = -\left(\frac{2}{3} + \frac{8EI}{kGAL^2}\right) \qquad (4-16)$$

式(4-16)中的参数 β 即为对剪切变形的考虑,如果 $\frac{8EI}{kGAL^2} \to 0$,则 $\beta = -2/3$,Timoshenko 梁的表达式(4-14)和式(4-15)与 Euler-Bernoulli 梁的表达式(4-11)和式(4-12)相同。

4.4.3　Strand 7 常用面单元[151]

Strand 7 中面单元(Surface Element),主要包括 Isotropic、Orthotropic、Anisotropic、Laminate、Rubber、Soil、User-defined 等材料形式,本书研究的剪力墙采用板单元(Plate Element)。

1. 板单元分类

Strand 7 中的板单元按其受力特性分为板壳单元(Plate/Shell Element)、剪切板单元(Shear Panel Element)、3D 膜单元(3D Membrane Element)等。这里只详细地介绍板壳单元。

板壳单元也有薄板和厚板之分,主要区别在于薄板的面外变形均由弯曲产生,而厚板的面外变形由弯曲和剪切共同作用。本书选用四节点板壳单元,每个节点具有 3 个平动自由度和 3 个转动自由度,板单元的自由度、自然坐标系、局部坐标系分别见图 4-6—图 4-8,四节点板单元的形函数为:

$$N_i(\xi_1,\xi_2) = \frac{1}{4}(1+\xi_1^i\xi_1)(1+\xi_2^i\xi_2) \quad i=1,2,3,4 \qquad (4-17)$$

2. 薄板、厚板单元对比

薄板弯曲遵循薄板弯曲理论,即 Kirchhoff 假定。基本假定如下:

(1) 板的中面没有变形;

(2) 变形前与中平面垂直的线变形后仍然保持直线,且与板中面正交;

(3) 垂直于板中面的应力可以忽略。

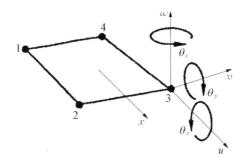

图 4 - 6　板单元节点自由度

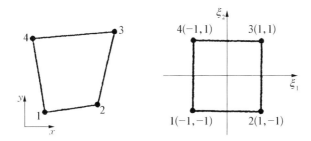

图 4 - 7　板单元自然坐标系

图 4 - 8　板单元局部坐标系

基于上述假定,薄板单元的变形为:

$$u = -z\frac{\partial w}{\partial x}$$

$$v = -z\frac{\partial w}{\partial y} \tag{4-18}$$

$$w = w(x,y)$$

厚板变形遵循厚板理论,即 Mindlin-Reissner 假定,区别于薄板的是,变形前与中平面垂直的线变形后仍然保持直线,但不一定还与板中面正交。这样厚板单元的变形为:

$$u = z\theta_y(x,y)$$
$$v = -z\theta_x(x,y) \quad\quad (4-19)$$
$$w = w(x,y)$$

有了节点位移,可以按照本书第 4.3.2 中的思路得到单元的内力等。Stand 7 中约定板单元内力正方向如图 4-9 所示。

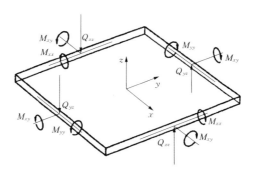

图 4-9 板单元内力正方向

在 Strand 7 的三角形单元中,板的变形由膜变形和弯曲变形分别考虑后组合而成;在四节点单元中,板的膜特性和弯曲特性是耦合的;在六节点、八节点、九节点板单元遵循的则是三维的连续体理论。考虑整体结构非线性分析耗时等问题,综合比较后本书选用四节点板单元。

4.5 本章小结

本章按对剪力墙和楼板的不同简化,对比了国内外空间杆系模型类、板-梁墙元模型类、壳元模型类设计计算软件的优缺点,然后针对本书选用的有限元计算软件 Strand 7 的功能、应用单元等进行介绍,为后续章节的计算分析打下基础。

第5章

整体结构弹塑性时程计算分析

5.1 引　　言

　　本章利用 Strand 7 软件对第 3 章动力试验中的底部框支、立面开大洞口 JHY 结构分别进行了模型结构和原型结构的整体弹塑性动力时程分析，其中模型结构简记为 JHY‒Model，原型结构简记为 JHY‒Proto。为方便对比，本章中约定图表中"T"指的是动力试验结果，"A"指的是 Strand 7 有限元分析的结果。

5.2　模型结构的弹塑性动力时程计算分析

　　根据目前我国抗震规范中"小震不坏、中震可修、大震不倒"的设计原则，在结构抗震设计时一般先进行小震下的抗震承载力验算，然后采取一定的构造措施来抵御更大的地震并进行相应的变形验算。但是，实际结构在中震和大震下一般都会超越弹性状态而进入弹塑性状态。因此，可以考虑在最初弹性分析的基础上构造反映非线性的模型，相当于将弹性状态作为初始状态,加入非线性模型后进行弹塑性计算,会取得更为符合实际的结果。这样,整个非线性分析的过程可以概括为以下三步:① 建模并进行最初的弹性分析;② 构造各种构件单元的恢复力模型;③ 非线性计算及分析。

本节将汇总 Strand 7 软件计算 JHY - Model 整体弹塑性动力反应时的计算参数、弹性计算结果、材料非线性本构关系的构造和弹塑性时程计算结果等。

5.2.1　计算相关信息

1. 坐标系

选取 Global XOY 直角坐标系,且 Z 方向为模型高度方向。

2. 单位

考虑到首先对 JHY - Model 进行计算,模型结构尺寸为原型结构缩尺 1/20 后的尺寸,数值很小,精确到毫米,故按照 SI 单位制换算选用的单位制过程如下:

$$1\frac{N}{kg} = 1\frac{m}{s^2} \Rightarrow 1\frac{N}{10^{-3}T} = 1\frac{10^3 \text{ mm}}{s^2} \Rightarrow 10^3\frac{N}{T} = 10^3\frac{mm}{s^2} \quad (5-1)$$

则计算选用的主要单位为力(N);质量(T);长度(mm);时间(s)。这里需要说明的是,Strand 7 是面向工程的可视化有限元分析软件,其单位包含 SI 单位制或用户自定义单位制,各物理量单位间是否协调则视用户需要而定,例如按式(5-1)约定,应力的单位可以是 MPa,也可以规定成 kPa。这一点与 Ansys 等有限元分析软件无单位、要求各物理量量值间比例协调是有区别的。

3. Group 的定义

Strand 7 中可以将模型构件分成一系列 Group,统一进行管理。JHY-Model 按照不同结构标准层划分 Group 为 F1、F2、F3、F4、

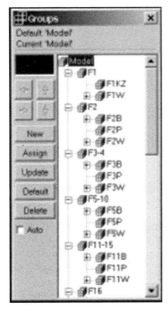

图 5 - 1 JHY - Model 计算模型 Group 分类示意图

F5～F10、F11～F15、F16、F17、F18～F20、F21～F23、F24、F25～F26、F27～F28、F29～F30，其中 F1 包括 F1KZ（柱）和 F1W（墙）两个子 Group；其余各层均包括 F*B（梁）、F*P（板）和 F*W（墙）三个子 Group（图 5 - 1）。

4. 单元种类、几何信息和材料信息

各层梁和底层柱均选用 Beam 单元；对 JHY - Model 模型中的剪力墙选用 4 节点 Plate 单元；楼板也选用 Strand 7 中的 Plate 单元，JHY - Model 开洞较大，楼板考虑为弹性板。

JHY - Model 的单元种类、几何信息和材料信息汇总于表 5 - 1(a)、表 5 - 1(b)。

5. 建立整体结构三维有限元模型

利用对称性，建立 JHY - Model 的整体三维有限元 Strand 7 模型（图 5 - 2），其中节点总数为 7 483，梁单元总数为 4 816，板单元总数为 9 154。

表 5 - 1(a) JHY - Model 模型 Beam 单元种类、几何信息和材料信息统计

Beam 单元编号	名 称	几何信息（mm）	混凝土强度等级	弯矩-曲率关系名称（Plane1）	弯矩-曲率关系名称（Plane2）
1	F1KZ1	50X100	M10(C50)	P1 - MX	P1 - MY
2	F1KZ2	50X125	M10(C50)	P2 - MX	P2 - MY
3	F1KZ3	50X125	M10(C50)	P2 - MX	P2 - MY
4	F1KZ4	75X100	M10(C50)	P4 - MX	P4 - MY
5	F2KL1	40X125	M7(C35)	P5 - MX	P5 - MY

续　表

Beam 单元编号	名　　称	几何信息（mm）	混凝土强度等级	弯矩-曲率关系名称（Plane1）	弯矩-曲率关系名称（Plane2）
6	F2KL2	40X100	M7(C35)	P6 - MX	P6 - MY
7	F2KL3	40X80	M7(C35)	P7 - MX	P7 - MY
19	F2KL3a	30X40	M7(C35)	—	—
8	F2L1	15X20	M7(C35)	—	—
9	F2L2	20X40	M7(C35)	—	—
10	F3KL4	15X80	M7(C35)	—	—
11	F3KL5	15X30	M7(C35)	—	—
12	F3KL6	15X20	M7(C35)	—	—
13	F3KL7	25X20	M7(C35)	—	—
15	F3KL8	20X20	M7(C35)	—	—
18	F3L3	15X40	M7(C35)	—	—
20	F16KL9	13X100	M7(C35)	—	—
21	F16XZ1	13X13	M9(C45)	—	—
22	F17KL10	15X80	M7(C35)	—	—
23	F24KL1	40X153	M7(C35)	P23 - MX	P23 - MY
24	F24KL1A	15X150	M7(C35)	—	—
25	F24KL1B	25X80	M7(C35)	P25 - MX	P25 - MY
26	F24KL2	30X150	M7(C35)	P26 - MX	P26 - MY
27	F24KL2A	30X100	M7(C35)	P27 - MX	P27 - MY
28	F25KL11	10X20	M7(C35)	—	—
29	F25KL12	10X30	M7(C35)	—	—
30	F25KL13	10X40	M7(C35)	—	—
31	F27XZ2	15X15	M8(C40)	—	—

表 5-1(b)　JHY-Model 模型 Plate 单元种类、几何信息和材料信息统计

Plate 单元编号	名　称	几何信息 （mm）	混凝土强度 等级	应力-应变 关系名称
1	F1LW1	40	M10(C50)	SS-C50
2	F1LW2	15	M10(C50)	SS-C50
3	F1LW3	20	M10(C50)	SS-C50
4	F1LW4	30	M10(C50)	SS-C50
7	F1SW2	25	M10(C50)	SS-C50
11	F2P1	13	M7(C35)	—
12	F2P2	25	M7(C35)	—
13	F2P3	8	M7(C35)	—
30	F2P4	10	M7(C35)	—
55	F2P5	10	M7(C35)	—
21	F11LW1b	40	M9(C45)	SS-C45
22	F11LW2b	15	M9(C45)	SS-C45
23	F11LW3b	20	M9(C45)	SS-C45
24	F11SW2b	25	M9(C45)	SS-C45
31	F18LW1d	40	M9(C45)	SS-C45-2
32	F18LW2d	15	M9(C45)	SS-C45-2
33	F18LW3d	20	M9(C45)	SS-C45-2
34	F18SW2d	25	M9(C45)	SS-C45-2
38	F21LW1e	40	M8(C40)	SS-C40-2
39	F21LW2e	15	M8(C40)	SS-C40-2
40	F21LW3e	20	M8(C40)	SS-C40-2
41	F21SW2e	25	M8(C40)	SS-C40-2
47	F25LW1g	40	M8(C40)	SS-C40
48	F25LW2g	15	M8(C40)	SS-C40
49	F25LW3g	20	M8(C40)	SS-C40
50	F25SW2g	25	M8(C40)	SS-C40

图 5‑2　JHY‑Model 整体计算模型轴侧图

（1）JHY‑Model 附加质量

在 JHY 整体模型动力试验时施加了人工附加质量，在 JHY‑Model 计算时也施加附加质量，各层附加质量统计于表 5‑2，模型总重 17.2 t。

表 5‑2　JHY‑Model 模型附加质量统计

楼　层	层　数	附加质量(T/层)
F2	1	1.103
F3～F17	15	0.420
F18～F23	6	0.242
F24	1	0.662
F25～F28	4	0.420
F30～F31	2	0.116

（2）约束条件

为 JHY‐Model 整体 Strand 7 模型的底层所有节点施加固定约束，并进行有限元模型的检查。

5.2.2 动力特性计算结果

利用 Strand 7 的 Natural Frequency 计算 JHY‐Model 的前 40 阶频率。图 5‐3 给出了前 6 阶计算振型，它们明显体现了结构的整体反应，而之后各阶振型则突出体现顶部、中筒等部位的局部变形，不再图示。对复杂结构整体近似分析时，取前 6—9 阶是比较合适的，局部分析时则注意要以该部位的相应振型为主。

JHY‐Model 的前 5 阶频率结果与动力试验的结果对比，列于表 5‐3 中，可以看出二者差异很小，最大差异约为 6%。按照试验微粒混凝土材性试验数据，考虑附加质量建立的计算模型，能较好地捕捉到整体结构初始时的动力特性。

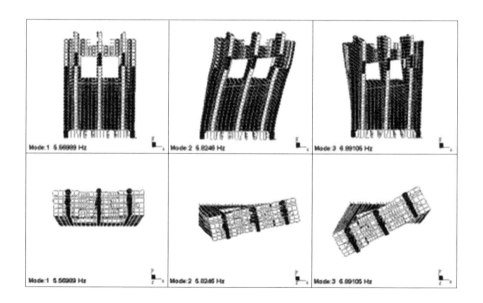

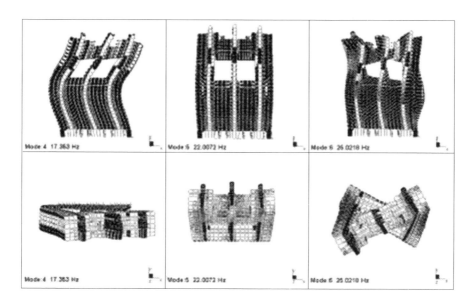

图 5-3　JHY-Model 振型图(振型 1—6 阶)

表 5-3　JHY-Model 结构动力特性

振　型	频　率		振型形态
	f_1^T	5.634	Y 向平动
第 1 振型	f_1^A	5.570	Y 向平动
	f_1^T / f_1^A	1.011	—
	f_2^T	5.822	X 向平动
第 2 振型	f_2^A	5.825	X 向平动
	f_2^T / f_2^A	0.999	—
	f_3^T	6.949	扭转
第 3 振型	f_3^A	6.891	扭转
	f_3^T / f_3^A	1.008	—
	f_4^T	18.404	X 向平动
第 4 振型	f_4^A	17.353	X 向平动
	f_4^T / f_4^A	1.061	

续　表

振　型	频　　率		振型形态
第 5 振型	f_5^T	22.160	Y 向平动
	f_5^A	22.010	Y 向平动
	f_5^T/f_5^A	1.007	—

5.2.3　弹性静力计算结果

用 Strand 7 中的 Spectral Response 对 JHY‑Model 进行振型分解反应谱计算,其中反应谱为按规范[72]结合上海地区场地特征周期($T_g=0.9\,\text{s}$)等条件确定的反应谱曲线(图 5‑4,其中 $\alpha_{\max}=0.08$)。

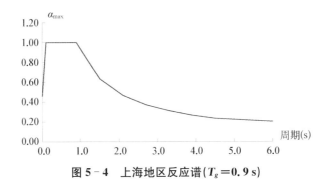

图 5‑4　上海地区反应谱($T_g=0.9\,\text{s}$)

JHY‑Model 频率计算得到的模型振型参与质量见表 5‑4。文献[6]第 5.2.2 条条文中说明"为使高柔建筑的分析精度有所改进,其组合的振型个数适当增加,振型个数一般可以取振型参与质量达到总质量 90% 所需的振型数"。结合图 5‑3 和表 5‑4,对于 JHY 这样的立面开大洞顶部突出结构,局部振型很多,弹性楼板方案当振型个数取为前 31 个时,振型参与质量方达到 90%;取前 6 阶时,振型参与质量达 80%,认为整体结构分析时后者已经较为合理。文献[152]的模态静力分析法也表明,当有效模态质量参与系数大于 80% 时,通常就能取得较为满意的结果。另外需要注意,如果要对局部结构进一步计算时,要考虑局部振型在分离体计算中的影响。

表 5 - 4　JHY - Model 模型振型参与质量统计

振　型	频率/Hz	振型参与质量	总的振型参与质量	备　注
1	5.570	30.778%	30.778%	大于80%
2	5.825	28.870%	59.648%	
3	6.891	2.023%	61.671%	
4	17.353	8.216%	69.887%	
5	22.007	10.538%	80.425%	
6	25.022	0.048%	80.473%	
7	31.352	1.212%	81.685%	大于90%
8	32.361	0.005%	81.690%	
9	37.198	0.209%	81.899%	
10	41.260	0.000%	81.899%	
11	42.119	1.803%	83.702%	
12	43.069	0.153%	83.855%	
13	43.768	0.173%	84.028%	
14	44.329	0.001%	84.029%	
15	45.746	0.009%	84.038%	
16	46.043	0.233%	84.271%	
17	48.055	0.026%	84.297%	
18	48.177	3.130%	87.427%	
19	49.796	0.450%	87.877%	
20	49.891	0.000%	87.877%	
21	53.457	0.098%	87.975%	
22	53.912	0.000%	87.975%	
23	55.110	0.119%	88.094%	
24	60.354	0.000%	88.094%	
25	61.511	0.002%	88.096%	
26	63.776	0.910%	89.006%	

续　表

振　型	频率/Hz	振型参与质量	总的振型参与质量	备　注
27	64.707	0.738%	89.744%	
28	67.212	0.000%	89.744%	
29	67.719	0.000%	89.744%	大于90%
30	69.127	0.003%	89.747%	
31	71.249	0.436%	90.183%	
32	73.889	0.000%	90.183%	
33	74.364	0.884%	91.067%	
34	75.012	0.571%	91.638%	
35	75.489	0.013%	91.651%	
36	75.786	1.017%	92.668%	
37	78.297	0.169%	92.837%	
38	79.305	0.001%	92.838%	
39	82.002	0.075%	92.913%	
40	87.191	0.046%	92.959%	

5.2.4　单元材料非线性关系

　　非线性分析中两个较为关键的问题是恢复力模型的选取、构造和数值计算中算法的稳定性、收敛性。各类有限元分析软件（ANSY、Strand 7、Sap2000 等）一般都提供各类收敛算法,例如自适应下降法、弧长迭代法等,因而对恢复力模型的合理简化成为关键,它将大大简化非线性分析的过程。第 2 章中曾介绍了梁柱墙等构件的恢复力模型及其构造方法,就整体结构弹塑性时程分析推广而言,对构件逐一进行恢复力模型的试验、构造显然是不现实的。本书对于 JHY-Model 弹塑性时程分析中 Beam 单元的 $M-\varphi$ 关系采用 Section Builder® 小程序的计算结果,Plate 单元的非线性 $\sigma\text{-}\varepsilon$ 关系采用约束混凝土 $\sigma\text{-}\varepsilon$ 关系的分析结果,构件的滞回准则选用

Strand 7 中包含的 Takeda 模型[99,122]，文献[153]表明该模型可用于梁柱构件、剪力墙构件。

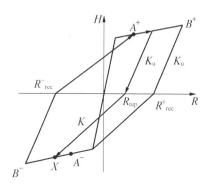

图 5 - 5　**Takeda 滞变模型**[153]

JHY - Model 计算时的弯矩-曲率关系、应力-应变关系取值详见表 5 - 5(a)—(c)。

表 5 - 5(a)　**JHY - Model 计算参数(X 方向)**

弯矩-曲率 关系名称	Cy /(1/m)	My /(kN·m)	Cu /(1/m)	Mu /(kN·m)
P1 - MX	0.000 05	3.91	0.000 5	4.03
P2 - MX	0.000 03	5.32	0.000 2	5.42
P4 - MX	0.000 05	4.16	0.000 5	4.36
P5 - MX	0.000 05	4.38	0.000 6	4.61
P6 - MX	0.000 05	3.37	0.000 7	3.54
P7 - MX	0.000 05	2.57	0.000 8	2.68
P23 - MX	0.000 03	6.40	0.000 3	6.53
P25 - MX	0.000 05	2.73	0.000 8	2.80
P26 - MX	0.000 04	5.39	0.000 7	5.53
P27 - MX	0.000 04	3.21	0.000 7	3.34

表 5-5(b) JHY-Model 计算参数(Y 方向)

弯矩-曲率 关系名称	Cy $/(1 \cdot m^{-1})$	My $/(kN \cdot m)$	Cu $/(1 \cdot m^{-1})$	Mu $/(kN \cdot m^{-1})$
P1-MX	0.000 1	1.55	0.000 6	1.65
P2-MX	0.000 1	1.78	0.000 6	1.95
P4-MX	0.000 1	2.73	0.000 4	2.97
P5-MX	0.000 1	0.99	0.001 0	1.04
P6-MX	0.000 1	0.98	0.001 0	1.05
P7-MX	0.000 1	0.97	0.001 0	1.04
P23-MX	0.000 1	1.06	0.000 6	1.19
P25-MX	0.000 2	0.53	0.001 3	0.56
P26-MX	0.000 3	0.60	0.001 0	0.64
P27-MX	0.000 2	0.59	0.001 0	0.61

表 5-5(c) JHY-Model 计算参数

应力-应变 关系名称	ε_y	σ_y $/kPa$	ε_u	σ_u $/kPa$
M7	0.002 8	18.8	0.011 0	18.8
M8	0.003 2	21.6	0.009 8	21.6
M9	0.003 5	24.9	0.008 8	24.9
M10	0.003 5	25.6	0.008 8	25.6

5.2.5 弹塑性动力时程计算结果及分析

计算时的地震波输入与动力试验时的输入相应,分别进行表 5-6 工况的输入。

表 5 - 6　计算工况统计

试验工况	烈度	地震激励	地震输入值(g)		备　注
			Y 方向	X 方向	
C02	7 度多遇	El Centro	0.093	0.085	双向地震激励
C04		Pasadena	0.126	0.082	双向地震激励
C06		SHW2	0.119	—	单向地震激励
C09	7 度基本	El Centro	0.306	0.291	双向地震激励
C11		Pasadena	0.349	0.281	双向地震激励
C13		SHW2	0.574	—	单向地震激励
C16	7 度罕遇	El Centro	0.880	0.601	双向地震激励
C18		Pasadena	0.651	0.518	双向地震激励
C20		SHW2	1.011	—	单向地震激励

文献[154]中阐明,如果不存在结构阻尼耦合,即阻尼矩阵满足振型的正交条件,则比较合理近似的结构阻尼矩阵可通过结构的振型阻尼比推导出来。书中详细介绍了 Wilson 等[155]提出的计算阻尼矩阵的两个方法,一个是由每个振型的阻尼比计算阻尼矩阵;一个是瑞利方法计算阻尼矩阵。书中结论指出,一般说来如果振型矩阵已知,前一种方法比较方便;后一种方法要求解联立方程组,其个数等于规定阻尼的振型数目,且对于没有规定阻尼的振型,等效阻尼随频率增加,于是结构的高阶振型具有较高阻尼,将造成计算反应结果偏于保守。Strand 7 软件中有这两种阻尼矩阵的计算方法可供选择,本书在结构动力特性分析的基础上选用了第一种方法。

1. 大屋面层(F27)位移时程

图 5 - 6—图 5 - 8 给出了 JHY-Model 在 7 度多遇烈度下遭遇三种模拟地震输入时大屋面层位移时程图。图 5 - 9—图 5 - 11 给出了 JHY-Model 在 7 度基本烈度下遭遇三种模拟地震输入时大屋面层位移时程图。

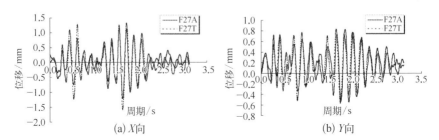

图 5‐6   JHY‐Model 7 度多遇烈度 El Centro 波输入时(C02)大屋面层位移时程图

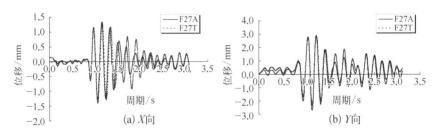

图 5‐7   JHY‐Model 7 度多遇烈度 Pasedena 波输入时(C04)大屋面层位移时程图

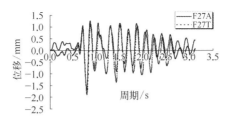

图 5‐8   JHY‐Model 7 度多遇烈度 SHW2 波输入时(C06)大屋面层位移时程图(Y 向)

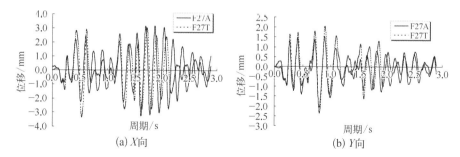

图 5 - 9　JHY‐Model 7 度基本烈度 El Centro 波输入时(C09)大屋面层位移时程图

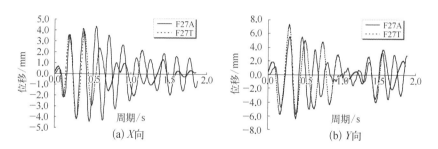

图 5 - 10　JHY‐Model 7 度基本烈度 Pasedena 波输入时(C11)大屋面层位移时程图

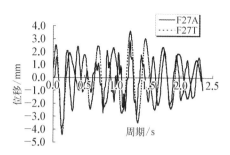

图 5 - 11　JHY‐Model 7 度基本烈度 SHW2 波输入时
(C13)大屋面层位移时程图(Y 向)

2. 层间位移包络图

图 5-12 给出了层间位移包络图。

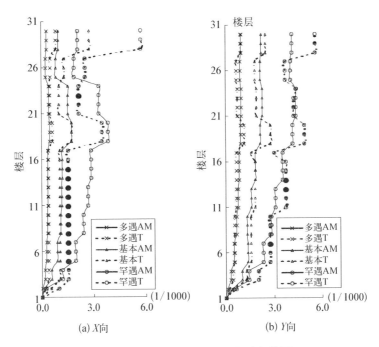

(a) X向　　　　　　　　　　(b) Y向

图 5-12　JHY-Model 层间位移包络图

(其中 AM 为模型结构计算结果,T 为试验结果)

3. 筒体间的相对振动及整体结构扭转(表 5-7)

筒体间相对振动及整体结构扭转角见表 5-7。

表 5-7　筒体间相对振动及整体结构扭转角

计算工况	检查量	A筒、C筒 Y向位移差峰值 /mm	A筒、C筒 Y向相对振动 /(1/1 000)	整体结构 扭转角/(°)
7度 多遇 烈度	C02	0.77	0.8	0.02
	C04	0.76	0.8	0.02
	C06	0	0	0

续　表

检查量 计算工况	检查量	A 筒、C 筒 Y 向位移差峰值 /mm	A 筒、C 筒 Y 向相对振动 /(1/1 000)	整体结构 扭转角/(°)
7 度 基本 烈度	C09	2.43	2.7	0.06
	C11	2.94	3.2	0.07
	C13	0	0	0
7 度 罕遇 烈度	C16	3.95	4.3	0.1
	C18	6.36	7.0	0.2
	C20	0	0	0

4. 混凝土纤维应力

图 5-13 为 7 度基本烈度 El Centro 波作用下,剪力墙在不同位移反应峰值时刻的应力图。图 5-14 为 7 度罕遇烈度 El Centro 波作用下,结构剪力墙在不同位移反应峰值时刻的应力图。

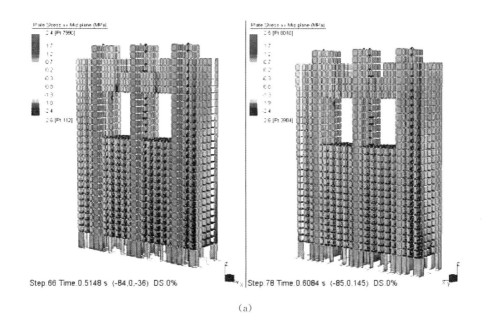

(a)

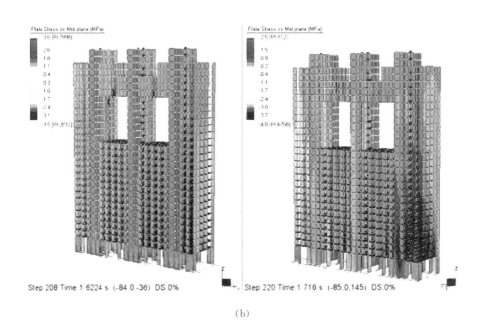

（b）

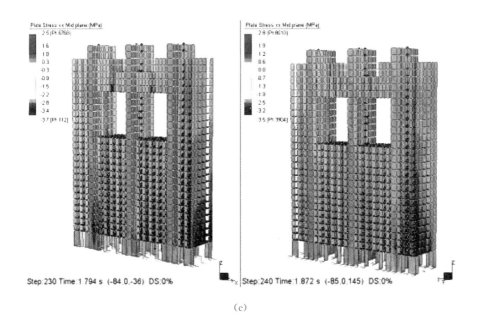

（c）

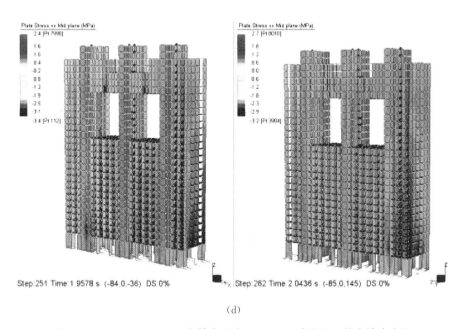

（d）

图 5 - 13　JHY - Model 7 度基本烈度 El Centro 波作用下剪力墙应力图

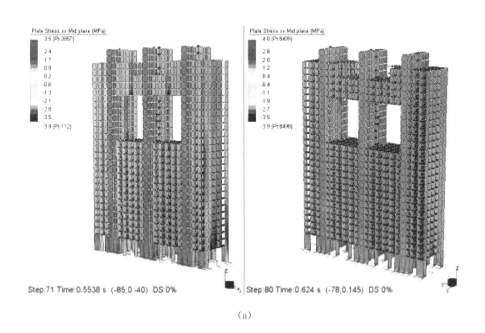

（a）

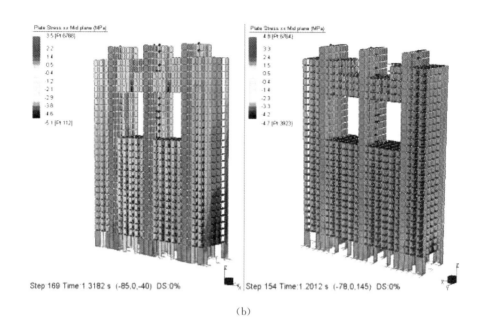

（b）

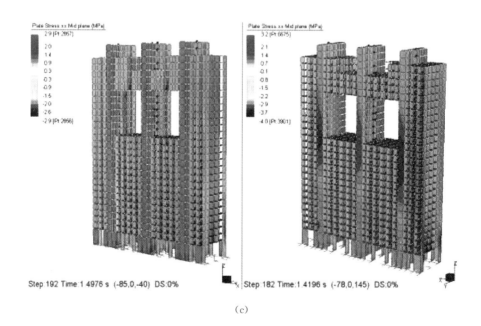

（c）

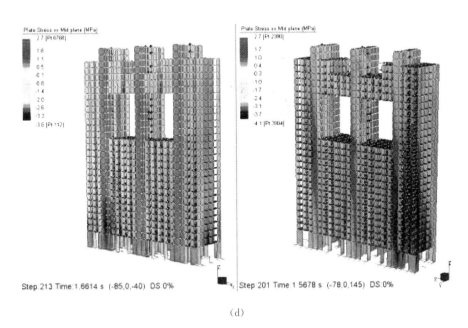

（d）

图 5 - 14　JHY‑Model 7 度罕遇烈度 El Centro 波作用下剪力墙应力图

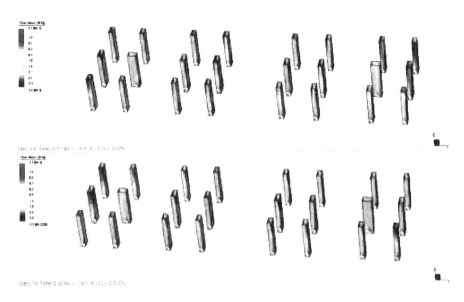

（a）

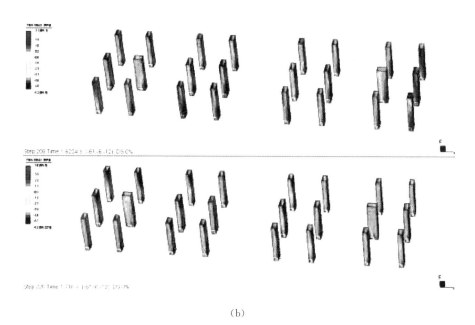

（b）

图 5 - 15 JHY - Model 7 度基本烈度 El Centro 波作用下底层框架柱纤维应力图

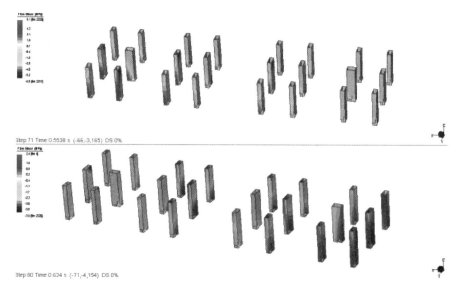

图 5 - 16(a) JHY - Model 7 度罕遇烈度 El Centro 波作用下底层框架柱纤维应力图

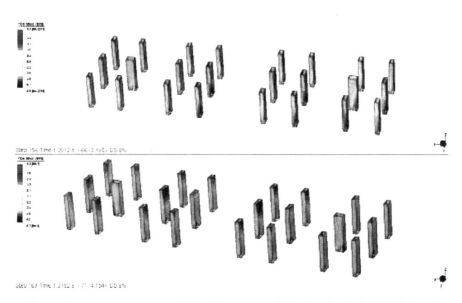

图 5 - 16(b)　JHY - Model7 度罕遇烈度 El Centro 波作用下底层框架柱纤维应力图

5. 弹塑性动力时程计算结果分析及讨论

1) 大屋面层(F27)位移时程

图 5 - 6—图 5 - 8、图 5 - 9—图 5 - 11 分别给出了 JHY - Model 在 7 度多遇烈度、基本烈度下遭遇三种模拟地震输入的大屋面层位移时程试验结果与计算结果对比曲线,可以看出

(1) 在 7 度多遇烈度阶段,大屋面试验位移时程与计算位移时程吻合较好,说明在模型结构基本处于弹性的多遇阶段,将基于材性试验的构件弹性模量等参数用于计算分析是合适的。

(2) 在 7 度基本烈度阶段,结构的位移时程初始时模拟较好,但随着试验的进行,模型结构的损伤加快,与计算时程曲线间存在一定的误差。

(3) 无论从试验结果还是计算分析都可以看出,模型结构在各烈度下,对 Pasedena 双向模拟地震输入的 Y 方向反应均明显大于 X 方向地震反应,且为 El Centro 双向输入和 SHW2 单向输入下 Y 向反应值的数倍,考察结构在多条地震波输入下的反应峰值,对于更准确地掌握结构的最大反应,是很有意义的。

2) 层间位移包络图(图 5 - 12)

(1) 模型结构动力试验时,由于通道数目限制,X 向 2 层—17 层之间未布置传感器,故 3 条试验曲线在 2 层—17 层为直线。在多遇烈度、基本烈度阶段,这种近似与计算结果相比误差不大;在罕遇阶段由于 2 层—17 层之间的剪力墙及筒体发生更大的非线性变形,X 向传感器不足带来了试验结果误差;结合 Y 向来看,由于 2 层~17 层试验时布置的传感器较多,多遇、基本、罕遇阶段的层间位移均比较吻合,说明足够多的传感器可以比较准确地把握层间位移的变化。

(2) 通过模型结构大洞口 17 层—24 层的层间位移计算结果和试验结果对比可以发现,X 向 17 层—20 层层间位移的计算结果与试验结果比较吻合,21 层—24 层计算层间位移则大于试验层间位移;Y 向 17 层—20 层的计算层间位移小于试验层间位移,而 21 层—24 层的试验结果较计算结果相差不大。造成这种差别的原因可能有大洞处传感器埋设数量不足;楼板缺失对模型 X 向的影响要明显大于 Y 向;试验时比较刚性的楼板和计算分析中的弹性楼板方案在较大地震输入下引起的位移反应差别;试验质量块分布与计算分析的差别;计算工况要少于试验工况等。

(3) 结构的大屋面层以上为三个突出的筒体,计算层间位移的结果要远小于试验层间位移的结果,尤其是在 X 方向,造成这一现象的主要原因是结构的鞭梢效应;另外,由于时间关系,在动力试验时模型结构顶部的微粒混凝土尚未全部达到养护期,致使筒体部分在试验过程中较早出现裂缝,且动力反应较大。对于这种含突出屋面结构的层间位移角控制,以大屋面的结果为依据是合理的。

3) 筒体间的相对振动及整体结构扭转(表 5 - 7)

(1) 动力试验中,工况 06、工况 13、工况 20 分别为 7 度多遇烈度、基本烈度、罕遇烈度下 SHW2 单向模拟地震输入,模型结构的计算结果显示,这时 A 筒和 C 筒之间无 Y 向相对振动。

(2) 双向模拟地震输入下,随着地震烈度的增大,A 筒和 C 筒之间 Y 向相对振动也逐渐增大,最大相对振动为 6.36 mm。

(3) 模型结构 A 筒和 C 筒考察点 X 向相距 2 304 mm,因而可以得到整体结构的近似扭转角,见表 5 - 7。可以看出,即使在 7 度罕遇烈度下,模型结构的整体扭转角也很小,仅为 0.2°。

(4) 模型结构整个筒体 Y 方向长度为 909 mm,虽然整体结构的扭转角很小,但是 A 筒和 C 筒间的相对振动达到 Y 向长度的 1/143(7/1 000),说明在结构中部高度处开的两个大洞口削弱了结构的抗震整体性,带来筒体间的相对振动,这将可能加速结构在地震作用下的破坏。

4) 混凝土纤维应力分析(图 5 - 13—图 5 - 16)

(1) 图 5 - 13 为 7 度基本烈度 El Centro 波作用下,剪力墙在不同位移反应峰值时刻的应力图。从图 5 - 13(a)中可以看出,混凝土纤维的最大拉应力首先出现在结构的 X 向端部,该处的剪力墙片拉应力值为 1.1 MPa (0.514 8 s)、1.2 MPa(0.608 4 s),未达到混凝土的极限抗拉强度(由于缺乏对微粒混凝土抗拉强度的实测数据,这里认为其较普通混凝土抗拉强度略小或是基本相当);在图 5 - 13(b)中,X 向端部剪力墙片拉应力增大为 1.3 MPa(1.622 4 s)、2.0 MPa(1.716 0 s),表明在 7 度基本烈度地震输入下结构开裂,裂缝位置与文献[137]现场试验第一条裂缝出现吻合,另外,高位转换层大梁处的混凝土也出现开裂现象;图 5 - 13(c)中,X 向端部剪力墙的拉应力达 1.6 MPa(1.794 0 s)、2.0 MPa(1.872 0 s),开裂范围进一步扩大;图 5 - 13(d)中,X 向端部剪力墙的拉应力为 1.4 MPa(1.957 8 s)、1.9 MPa(2.043 6 s),越过台面峰值加速度激励后,混凝土应力也有所下降。

(2) 图 5 - 14 为 7 度罕遇烈度 El Centro 波作用下,结构剪力墙在不同位移反应峰值时刻的应力图。从图 5-14 中可以看出,混凝土纤维的拉应力较基本烈度阶段有增大;随着台面输入的增大,出现拉裂缝的范围扩大到筒体中部(图 5-14(c)),这与试验结果相一致(图 3-14(c)),且边筒的拉压应力要大于中筒。

(3) 图 5-15、图 5-16 分别为 7 度基本、罕遇烈度 El Centro 波作用下,底层框支柱的混凝土纤维应力图。从图中可以看出,在 7 度基本地震激励作用下,底层框支柱混凝土尤其是根部混凝土将逐渐出现拉裂裂缝,试验现象与之相对应的图片为图 3-14(a)。对框支柱进行全高范围内的箍筋加密对于增强其延性及耗能能力必不可少。

上述分析表明,在假定微粒混凝土与普通混凝土受拉强度相差不大的条件下,混凝土纤维应力分析结果与试验结果基本吻合,但由于 Strand 7 软件限制无法观测裂缝开展情况。目前虽然有一些有限元计算软件如 DIANA 等能够观测混凝土裂缝开展及宽度等,但其结果是基于单元范围内的平均结果,在单元划分合适等条件下,其结果才能与试验结果进行精确对比。

5.3 原型结构的弹塑性动力时程计算分析

5.3.1 计算相关信息

在 Strand 7 软件中,Tools、Scale、Nodes 和 Elements 的功能依次减弱,可直接将 JHY-Model 模型结构放大 20 倍为 JHY-Proto 原型结构。为适应模型结构尺寸,将 JHY-Proto 的单位调整为力(kN);质量(t);长度(m);时间(s);应力(MPa)。并将 Section Builder 计算的原型结构构件本构关系参数做出相应修改。为与模型结构计算分析相对照,将实际结构的健身房部分引起筒体结构的竖向作用力和弯矩施加在筒体结构相应位置。

5.3.2　动力特性计算结果

利用 Strand 7 的 Natural Frequency 计算 JHY - Proto 的频率结果与动力试验结果对比,列于表 5 - 8 中。

表 5 - 8　JHY - Proto 结构动力特性

振　型	频　率		振型形态
第 1 阶振型	f_1^T	0.727	Y 向平动
	f_1^A	0.755	Y 向平动
	f_1^T/f_1^A	0.96	—
第 2 阶振型	f_2^T	0.751	X 向平动
	f_2^A	0.778	X 向平动
	f_2^T/f_2^A	0.97	—
第 3 阶振型	f_3^T	0.897	扭转
	f_3^A	0.827	扭转
	f_3^T/f_3^A	1.08	—
第 4 阶振型	f_4^T	2.375	X 向平动
	f_4^A	2.388	X 向平动
	f_4^T/f_4^A	0.99	—
第 5 阶振型	f_5^T	2.859	Y 向平动
	f_5^A	2.886	Y 向平动
	f_5^T/f_5^A	1.00	—

可以看出,对于前 5 阶频率的计算结果与动力试验初始状态按相似理论的推导结果相差不大,但是考察 JHY - Proto 的振型参与质量会发现,第 2 阶振型(X 向)的振型参与质量百分比相对减小了,而第 3 阶的振型参与质量有所增加,结构的扭转振型将在结构的反应中发挥一定的作用。

另外,对于 JHY‐Proto 的计算结果,有

$$f_1^A/f_3^A = 0.755/0.827 = 0.91 > 0.85$$

$$f_2^A/f_3^A = 0.778/0.827 = 0.94 > 0.85 \tag{5-2}$$

不满足规范 JGJ3‐2002 的要求。在文献[138]中,对于该复杂高层原型结构的 SAP84 计算结果显示,"按弹性楼板模型计算得到扭转周期与第1及第2平动周期之比分别为 0.906 及 0.910;将轴线...墙调整至 400 mm 后,扭转周期与第1及第2平动周期之比均降低为 0.90。"

对于该复杂高层建筑,模型结构动力试验及计算分析的结构频率均能满足规范对扭转的要求;而原型结构的动力试验结果基于的是相似理论,因而与模型结构相同,也能满足规范要求;但原型结构的 SAP84 软件和 Strand 7 软件频率计算结果均不能满足规范要求。造成这一结果的主要原因可能是相似理论和尺寸效应的影响。首先当整体结构缩尺较大时,多采用增加人工附加质量和提高台面加速度的方法来保证 π_1 数的成立。附加的人工质量及其分布一定程度上会影响到对结构刚度分布和阻尼特性的正确模拟;对于提高台面加速度,现有振动台是可以实现水平方向 1.0 g 甚至 1.2 g 的加速度输入,但是却无法实现对整体结构模型竖向加速度的相似放大,这相当于造成模型结构的"重力失真",竖向构件的压重不足也会影响整体结构的动力特性。其次,在动力试验中,弹性模量 E 和加速度 a 是不断变化着的,动力方程式本身是一个动态平衡,对其物理量的相似应当是包含非线性和破坏阶段的动力相似,而不是一成不变的相似常数。因而在动力试验中如遇到扭转振型比较重要的结构要特别注意。在实际设计中如遇整体结构的抗扭不满足规范要求,可以通过"加边减心"的原则对剪力墙片进行调整。

5.3.3 弹塑性动力时程计算结果及分析

对 JHY‐Proto 进行计算时的模拟地震输入参考表 5‐6 工况进行,区

别在峰值输入加速度中不考虑相似系数 S_a。注意为保证模型结构与原型结构计算结果的可比性,将模型结构的计算结果按设计峰值与实测峰值的比值进行了调整(表 5 – 9)。

表 5 – 9　计算工况峰值对比

试验工况	烈度	地震激励	Y 方向模拟地震输入		X 方向模拟地震输入		备注
			JHY – Model	JHY – Proto	JHY – Model	JHY – Proto	
C02	7 度多遇	El Centro	0.093 g(1.128)	0.035 g	0.085 g(1.055)	0.030 g	双向
C04		Pasadena	0.126 g(0.833)	0.035 g	0.082 g(1.095)	0.030 g	双向
C06		SHW2	0.119 g(0.881)	0.035 g			单向
C09	7 度基本	El Centro	0.306 g(0.981)	0.1 g	0.291 g(0.876)	0.085 g	双向
C11		Pasadena	0.349 g(0.860)	0.1 g	0.281 g(0.907)	0.085 g	双向
C13		SHW2	0.574 g(0.523)	0.1 g			单向
C16	7 度罕遇	El Centro	0.880 g(0.750)	0.22 g	0.601 g(0.933)	0.187 g	双向
C18		Pasadena	0.651 g(1.013)	0.22 g	0.518 g(1.084)	0.187 g	双向
C20		SHW2	1.011 g(0.653)	0.22 g			单向

注:括号中数值为对模型结构计算结果的调整系数(a_{gd}/a_{ga})

1. 加速度放大系数

本书第 3 章图 3 – 26 中曾给出原型结构加速度放大系数(PRA/PGA)的试验推导结果,这里给出原型结构 JHY – Proto 的计算结果,为对比方便,将相应工况绘于图 5 – 17 中。从图中可以看出,虽然动力试验的台面噪声对较低楼层的加速度传感器影响较大(图 3 – 36),但不至于影响其峰值,在罕遇阶段,加速度放大系数动力试验结果与计算结果基本趋势吻合。其中 X 向端部试验加速度放大系数的突变是由突出屋面筒体的鞭梢效应和微粒混凝土的未完全硬化造成的;Y 向在 32.5～52.85 m 之间未设置传感器,有可能带来这一段上的结果差别。

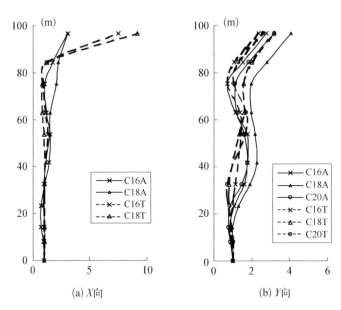

(a) X向　　　　　　　　　　(b) Y向

图 5‑17　JHY‑Proto 7 度罕遇烈度下加速度放大系数计算结果与试验结果对比

2. 层间位移包络图

计算原型结构的层间位移包络图与试验结果对比见图 5‑18,其中试验结果是考虑了表 5‑9 括号中修正系数的结果。从图 5‑18 中可以看出,随着模拟地震输入的增大,尤其在罕遇地震作用下结构的特殊部位,层间位移的计算将小于试验结果,这与计算模型中无法考虑混凝土的崩裂压碎和无法损伤累积等因素有很大关系。

3. 筒体间的相对振动及整体结构扭转

筒体间相对振动及整体结构扭转角见表 5‑10。从表中可以看出

(1) 对于 7 度多遇烈度、基本烈度、罕遇烈度下 SHW2 单向模拟地震输入,原型结构的计算结果显示,这时 A 筒和 C 筒之间无 Y 向相对振动。

(2) 双向模拟地震输入下,随着地震烈度的增大,A 筒和 C 筒之间 Y 向相对振动也逐渐增大,最大相对振动为 169 mm。

(3) 整体结构的近似扭转角见表 5‑10。可以看出,即使在 7 度罕遇烈度下,原型结构的整体扭转角也很小,仅为 0.2°;但 A 筒和 C 筒间的相对振

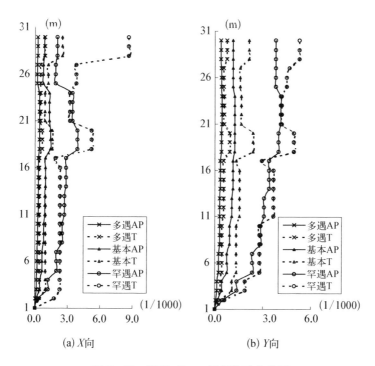

图 5-18 JHY-Proto 层间位移包络图

(其中 AP 为原型计算结果,T 为试验结果)

动达到 Y 向长度的 1/108(9.3/1 000)。

(4) 结合本章第 5.3.2 节原型结构动力计算和本节的扭转角可以得到,虽然该复杂高层结构在频率方面超过规范规定的限值,但是由于扭转振型所占的振型参与质量不大,因此结构最终的扭转响应也不大。

表 5-10 筒体间相对振动及整体结构扭转角

计算工况	检查量	A 筒、C 筒 Y 向位移差峰值 /mm	A 筒、C 筒 Y 向相对振动 (1/1 000)	整体结构扭转角/°
7 度 多遇 烈度	C02	8	0.5	0.01
	C04	11	0.6	0.01
	C06	0	0	0

续　表

计算工况	检查量	A筒、C筒 Y向位移差峰值 /mm	A筒、C筒 Y向相对振动 (1/1 000)	整体结构扭转角/°
7度 基本 烈度	C09	32	1.8	0.04
	C11	40	2.2	0.05
	C13	0	0	0
7度 罕遇 烈度	C16	53	2.9	0.07
	C18	169	9.3	0.2
	C20	0	0	0

4. 框支柱的轴压比

图 5-19 分别绘出了各模拟地震输入工况下 A 轴、C 轴、F 轴框支柱轴压比,可以看出

(1) 随着地震烈度的增大,结构各柱的轴压比基本增大;

(2) 在 Pasedena 双向模拟地震动输入下,各柱的轴压比最大;

(3) 在规范[7]中规定,对于部分框支剪力墙中的钢筋混凝土柱作抗震设计时,轴压比不宜超过 0.6。对于本书中底层框支柱,其截面尺寸非常大,按照规范对于柱轴压比的定义,一般来说结构第一阶段设计时考虑地震作用组合时的轴压比不会很大,约在 0.3～0.4 之间。在罕遇烈度下轴压比会显著增加,除 A 轴角柱和 C 轴的中柱以外,基本控制在 0.6 以内,且均不超过规范规定的上限 1.05。为提高延性,设计中应沿柱全高采用井字复合箍,箍筋间距不大于 100 mm、肢距不大于 200 mm、直径不小于12 mm等。

底层框支柱的平面布置参见图 3-3,由于结构基本关于 X 轴对称,取位于 X 轴正向的 12 根柱子进行分析,图 5-20 给出了不同轴线间柱子的轴压比典型对比图,可以看出位于 X 坐标最大的 A、F 轴角柱轴压比明显大于 C 轴边柱轴压比;而在靠近结构中间筒体的中柱,有 $n_F < n_C < n_A$,与试验时 F 轴立面中筒水平裂缝较 A 轴立面明显的现象相一致。

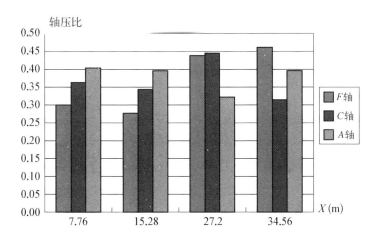

图 5‑19　不同轴线间框支柱轴压比典型对比

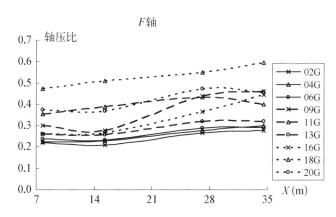

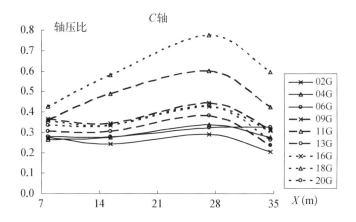

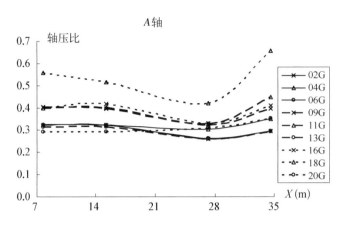

图 5‑20　JHY‑Proto 各模拟地震输入工况下各轴线框支柱轴压比比较

5.4　弹塑性时程分析小结

本章针对第 2 章动力试验中的某复杂高层结构,进行了由模型结构到原型结构的弹塑性动力时程分析,并与动力试验的结果进行了对比,得到的讨论与结论如下。

(1)在动力特性方面,按照试验微粒混凝土材性试验数据,考虑附加质量建立的计算模型,能较好地捕捉到整体结构初始时的频率、振型等动力特性;基于原型结构的计算模型,动力特性有可能与模型结构的结果有差异,但当引起差别的振型的参与系数较小时,对结构最终响应的影响不大;即使是像本书中这样的复杂高层结构,前 6～9 阶振型参与质量可以达到 80%,对整体结构弹性分析时这些振型已足够;如果要对局部结构进一步细算时,要考虑该部位的局部振型的影响。

(2)在加速度放大系数方面,虽然动力试验的台面噪声对较低楼层的加速度传感器影响较大,但不至于影响其峰值,在罕遇阶段加速度放大系数峰值的计算结果与试验结果对比显示,结果是可信的。

（3）在位移反应方面,突出屋面的构筑物由于鞭梢效应等原因的存在,反应值较大,以大屋面层响应值对整体结构抗震性能的评定比较合理;在多遇烈度下,结构基本处于弹性状态,位移时程和层间位移方面的计算结果与试验结果较为一致;在基本烈度下,结构逐渐进入弹塑性变形阶段,位移时程的模拟在初始阶段较为吻合,随着时程的进行而逐渐出现误差,但由于第一个较大位移波峰的模拟通常较好,因而层间位移包络线的结果近似程度要好于位移时程结果;合理选择多条模拟地震输入来检测结构的动力反应,其包络线反映了最不利情况,具有一定的参考价值。

（4）在计算模型方面,梁对墙肢的一段连续约束简化为点约束,对实际结构的刚度是增大还是削弱要看墙肢与梁的比例;当整体结构网格划分较粗时,计算模型中出现拐角刚域时,截面的翘曲自由度不连续会造成误差;计算中无法考虑混凝土的压碎和崩裂、无法进行损伤累计、采用约束混凝土模型等又会使计算结果偏刚。相较而言,动力试验则会由于楼板刚性、持时压缩以及滤波时第一截断频率的选取影响积分位移等带来试验结果偏大。当计算和试验环节都很多时,要力争抓主要矛盾,方能得出有意义的结论。

（5）在裂缝观测方面,在假定微粒混凝土与普通混凝土受拉强度相差不大的条件下,混凝土纤维应力分析结果与试验结果基本吻合,但由于Strand 7软件限制无法观测裂缝开展情况。目前虽有一些有限元计算软件如DIANA等能够观测混凝土裂缝开展及宽度等,但其结果是基于单元范围内的平均结果,在单元划分合适等条件下,其结果才能与试验结果进行精确对比。

（6）对整体结构做弹塑性时程分析,结果文件必然很大,在Windows FAT32系统下使用Ansys等软件时,计算结果不能大于4G;Strand 7软件则将结果文件每2G的结果做成一个结果文件,在数据后处理时才将它们连起来读入,具有一定的优势。

（7）选择现有的小软件确定构件的本构关系，将其输入通用程序进行非线性动力时程分析，能够得到一些结构的非线性动力反应信息，但在这一过程中也存在一些环节有待进一步研发，以便将弹塑性时程反应分析应用到建筑结构的设计中。

5.5 本 章 小 结

本章针对某复杂高层结构，进行了由模型结构到原型结构的弹塑性动力时程分析，并与动力试验的结果进行了对比，得到了结构动力特性、加速度反应、位移反应、本构关系、计算模型等方面的结论。

第 6 章

结论与展望

6.1 本书主要结论

在地震灾害尚不可避免、结构形式却又趋于多样化的时代背景下,对结构尤其是复杂高层结构进行整体抗震性能的研究,在改进抗震性能评估方法、促进工程设计合理化方面具有极其重要的意义。在充分了解目前工程抗震动力试验和计算方法现状的基础上,本书将课题的研究按模拟地震振动台试验和弹塑性时程分析两步走,分别得到了某复杂高层结构(JHY)的动力反应,对二者结果进行了比较分析,对整体结构抗震性能进行了评估。得到的主要结论如下:

(1)对于高层结构的控制指标主要可以总结为对周期比、剪重比、层间位移、刚度比、刚重比、轴压比、剪跨比和剪压比 8 个比值的控制,其中动力试验数据处理主要涉及前 4 个比值的处理。JHY 结构试验结果表明,除大洞口底部带有游泳池的楼层刚度比偏大外,上述 4 个宏观比值基本满足规范要求。

(2)动力试验现象、动力特性、惯性力、加速度放大系数、位移反应等多方面均表明 JHY 结构在遭遇多遇烈度地震时,处于弹性状态,满足小震不坏的抗震设防标准;各烈度下大洞口附近反应有突变;结构顶部突出屋面筒体处的鞭梢效应明显。

（3）用 Section Builder 软件计算构件的本构关系,输入 Strand 7 软件中可以进行结构的弹塑性动力分析。按照试验微粒混凝土材性试验数据,考虑附加质量建立的计算模型,能较好地捕捉到整体结构初始时的频率、振型等动力特性;基于原型结构的计算模型,动力特性有可能与模型结构的结果有差异,但当引起差别的振型的参与系数较小时,对结构最终响应的影响不大;本书 JHY 这样的复杂高层结构,前 6～9 阶振型参与质量可以达到 80%。

（4）虽然动力试验的台面噪声对较低楼层的加速度传感器影响较大,但不至于影响其峰值,在罕遇阶段,加速度放大系数峰值的计算结果与试验结果对比结果是可信的。

（5）考虑到突出屋面的构筑物的鞭梢效应,以大屋面层响应值对整体结构抗震性能的评定比较合理;在多遇烈度下,结构基本处于弹性状态,位移反应的计算结果与试验结果较为一致;在基本烈度下,位移时程的模拟在初始阶段较为吻合,随着时程的进行而逐渐出现误差,层间位移包络线的结果近似程度要好于位移时程结果;合理选择多条模拟地震输入来计算结构的动力反应,其包络线反映了最不利情况。

（6）动力试验表明竖向短肢墙构件,尤其是整体弯曲变形拐点附近楼层的短肢墙,多在根部出现水平裂缝。在高层短肢剪力墙整体结构布置时,每道短肢剪力墙宜有两个方向的梁与之相连接,连梁尽可能布置在墙肢的竖向平面内。短肢剪力墙应该尽量在另一方向上设置翼缘,翼缘长度控制在 3～4 倍宽度,尽可能避免有一字形短肢剪力墙出现。

（7）在实际设计中,建议加大三个竖向筒体的厚度;改善端部筒体强度和延性,适当提高配筋量（比计算值增加 10% 以上）;改善转换大梁与剪力墙筒体相连处的延性;保证底层框支柱的延性等。

6.2 进一步工作方向

（1）试验研究技术是工程设计中不可或缺的辅助工具，对动力试验系统本身的效用可以进一步考察，比如考察振动台的控制输入与台面输出之间的比值等参数，对于建立和规范振动台系统标准有一定的现实意义。对动力试验模型材性的准确测试仍需进一步的工作。

（2）国内做过的构件试验很多，广泛地获取这些试验数据，在此基础上编写适用于我国设计的构件层次的本构关系可视化小软件等，均需进一步的工作。

（3）弹塑性动力时程分析的环节很多，在把握主要矛盾即动力反应计算结果的前提下，找寻对非线性问题的合理简化度，有待进一步研究。

（4）加强地震动观测的研究，开展对复杂结构的震害实例调查与分析研究，源于实践的研究对于加深认识、指导实践具有最直接的意义。

参考文献

［1］ 胡聿贤.地震工程学[M].北京：地震出版社,1988.

［2］ 李杰,李国强.地震工程学导论[M].北京：地震出版社,1992.

［3］ 刘大海,钟锡根,杨翠如.高层建筑结构方案优选[M].北京：中国建筑工业出版社,1996.

［4］ 刘大海,杨翠如.阪神地震高层建筑震害经验[C].高层建筑抗震技术交流会论文集(第五届),1995：254－256.

［5］ 徐培福,傅学怡,王翠坤,等.复杂高层建筑结构设计[M].北京：中国建筑工业出版社,2005.

［6］ 中华人民共和国建设部,GB50011－2001 建筑抗震设计规范[S].北京：中国建筑工业出版社,2001.

［7］ 中华人民共和国建设部.JGJ3－2002 高层建筑混凝土结构技术规程[S].北京：中国建筑工业出版社,2002.

［8］ 李宏男.结构多维抗震理论与设计方法[M].北京：科学出版社,1998.

［9］ 吕西林.超限高层建筑工程抗震设计指南[M].上海：同济大学出版社,2005.

［10］ Ye Xianguo, Qian Jiaru, Li Kangning. Shaking table test and dynamic response prediction on an earthquake-damaged RC building[J]. Earthquake Engineering and Engineering Viberation, 2004, 3(2)：205 -214.

［11］ Iemura H. From ductility to base isolation and structural control aseismic design

[C]. Proceedings of the 3rd International Conference on Earthquake Engineering, China, 2004.

[12] Banon H, Biggs J M, Irvine H M. Seismic damage in reinforced concrete frames [J]. Journal of Structural Engineering, ASCE, 1981, 107(9): 1713-1729.

[13] Powell G H, Allahabadi R. Seismic damage prediction by deterministic method: concept and procedures[J]. Earthquake Engineering and Structural Dynamics, 1988, 16: 719-734.

[14] Stephens J E, Yao J P. Damage assessment using response measurement[J]. Journal of Structural Engineering, ASCE, 1987, 113(4): 787-801.

[15] Fajfar P. Equivalent ductility factors, taking into account low-cycle fatigue[J]. Earthquake Engineering and Structural Dynamics, 1992, 21(10): 837-848.

[16] Wang M L, Shah S P. Reinforced Concrete hysteresis model based on the damage concept[J]. Earthquake Engineering and Structural Dynamics, 1987, 15 (8): 993-1003.

[17] Kratzig W B, Meyer I F, Meskouris K. Damage evolution in reinforced concrete members under cyclic loading [C]. Proceedings of the 5th International Conference on Structural Safety and Reliability, San Francisco, 1989, 2: 795-802.

[18] Park Y J, Ang A H S. Mechanistic seismic damage model for reinforced concrete [J]. Journal of Structural Engineering, ASCE, 1985, 111(4): 722-739.

[19] Park Y J, Ang A H S, Wen Y K. Seismic damage analysis of reinforced concrete building[J]. Journal of Structural Engineering, ASCE, 1985, 111 (4): 740-757.

[20] Park Y J, Ang A H S, Wen Y K. Damage-limiting aseismic design of building [J]. Earthquake Spectra, 1987, 3(1): 1-26.

[21] Valles R E, Reinhorn A M, Kunnath S K, et al. IDARC 2D Version 4.0: A Program for the Inelastic damage Analysis of Buildings[R]. Technical Report NCEER-96-0010, 1996.

［22］ 陈永祁,龚思礼.结构在地震动时延性和累积塑性耗能的双重破坏准则［J］.建筑
结构学报,1986,7(1)：35－48.

［23］ 江近仁,孙景江.砖结构的地震破坏模型［J］.地震工程与工程振动,1987,7(1)：
20－34.

［24］ 牛荻涛,任利杰.改进的钢筋混凝土结构双参数地震破坏模型［J］.地震工程与工
程振动,1996,16(4)：44－54.

［25］ 欧进萍,牛荻涛,王光远.多层非线性抗震钢结构的模糊动力可靠分析与设计
［J］.地震工程与工程振动,1990,10(4)：27－37.

［26］ Williams M, Sexsmith R. Seismic damage Indices for Concrete Structures: A
State-of-the-Art Review［J］. Earthquake spectra, 1995, 11(2)：319－349.

［27］ Ghobarah A, Abou Elfath H, Biddah A. Response-based damage assessment of
structures［J］. Earthquake Engineering and Structural dynamics, 1999, 28(1)：
79－104.

［28］ H Uğur Köylüoğlu, Soren R K Nielsen, Jamison Abbott, et al. Local and modal
damage indicators for RC frames subjected to earthquake［J］. Journal of
Engineering Mechanics, ASCE, 1998, 124(12)：1371－1379.

［29］ Roufaiel M S L, Meyer C. Analytical modeling of hysteretic behavior of R/C
frames［J］. Journal of Structural Engineering, ASCE, 1987, 113（3）：
429－444.

［30］ CEB Bulletin 279. Seismic Design of Structures［M］. CEB, Paris, 1997.

［31］ Cosenza E, Manfredi G. The improvement of the seismic-resistant design for
existing and new structures using damage concept［C］. Proceedings of
International Conference at Bled, Slovenia. A. A. Balkema, Rotterdam/
Brookfield, 1997, 119－130.

［32］ Park R, Paulay T. Reinforced Concrete Structures［M］. New York：John Wiley
& Sons, 1975.

［33］ Paulay T, Priestley M J N. Seismic design of reinforced concrete and masonry
buildings［M］. John Wiley & Sons, 1992.

［34］ Chandler A M, Lam N T K. Performance-based design in earthquake engineering：a multi-discipline review［J］. Engineering Structures，2001，23：1525 - 1543.

［35］ 王亚勇.我国 2000 年抗震设计模式展望［J］.建筑结构,1999,29(6)：13 - 19.

［36］ ATC. A critical review of current approaches to earthquake-resistance design ［C］. ATC - 34，Applied Technology Council，1995.

［37］ ATC. Seismic evaluation and retrofit of concrete buildings［C］. ATC - 40，Applied Technology Council，1996.

［38］ FEMA273 274. Guidelines and Commentary for the Seismic Rehabilitation of Buildings［C］. Federal Emergency Management Agency，1996.

［39］ SEAOC Version 2000. Performance based seismic engineering of buildings［C］. Structural Engineers Association of California，Vols. I and II：Conceptual Framework，1995.

［40］ 中国工程建设标准化协会标准.建筑工程抗震性态设计通则(试用)［S］.北京：中国计划出版社,2004.

［41］ 马宏旺,吕西林.钢筋混凝土框架结构造价与失效概率之间的近似关系研究［J］.地震工程与工程振动,2003,23(3)：126 - 131.

［42］ Yang Pu，Wang Yayong. A study on improvement of pushover analysis［C］. Proceedings of the 12th World Conference on Earthquake Engineering，New Zealand，2000.

［43］ 杨溥,李英民,王亚勇,等.结构静力弹塑性分析(Push-over)方法的改进［J］.建筑结构学报,2002,21(1)：44 - 50.

［44］ Kilar V，Fajfar P. Simple push-over analysis of asymmetric buildings［J］. Earthquake Engineering and Structural Dynamics，1997，26(2)：233 - 249.

［45］ Kunnath S K，Valles Mattox R E，Reinhorn A M. Evaluation of Seismic Damageability of Typical R/C Building in Midwest United States ［C］. Proceedings of the 11th World Conference on Earthquake Engineering，Mexico，1996.

[46] 叶燎原,潘文.结构静力弹塑性分析(push-over)的原理和计算实例[J].建筑结构学报,2000,21(1):37-43.

[47] Eberhard M O, Sozen M A. Behavior-based method to determine design shear in earthquake-resistant walls[J]. Journal of Structural Engineering, ASCE, 1993, 119(2): 619-640.

[48] Gupta B, Kunnath S K. Adaptive spectra-based pushover procedure for seismic evaluation of structures[J]. Earthquake Spectra, 2000, 16(2): 367-392.

[49] Chopra A K, Goel R K. A modal pushover analysis procedure for estimating seismic demands for buildings [J]. Earthquake Engineering and Structural Dynamics, 2002, 31(3): 561-582.

[50] 周锡元,高小旺,等.抗震工程学[M].北京:中国建筑工业出版社,2000.

[51] Freeman S, Nicoletti J P, Tyrell J V. Evaluations of existing buildings for seismic risk—A case study of Puget Sound Naval Shipyard, Bremerton[C]. Proceedings of the 1st US National Conference Earthquake Engineering, Washington, EERI, Berkeley: 113-122.

[52] Freeman S. Development and use of capacity spectrum method[C]. Proceedings of the 6th US National Conference Earthquake Engineering, Seattle, EERI, Okland: 12.

[53] Comartin C D, Aschheim M, Guyader A, et al. A summary of FEMA440: Improvement of nonlinear static seismic analysis procedures[C]. Proceedings of the 13th World Conference on Earthquake Engineering, Canada, 2004.

[54] Otani S, Hiraishi H, Midorikawa M, et al. New seismic design provisions in Japan[C]. Proceedings 2000 Fall ACI Convention, Toronto, 2000.

[55] Saiidi M, Ghusn G E, Jiang Y. Five-spring element for biaxial bent R/C columns [J]. Journal of Structure Engineering, ASCE, 1989, 115(2): 398-416.

[56] Fajfar P, Fischinger M. Non-linear seismic analysis of RC buildings: Implications of a case study[J]. European Earthquake Engineering, 1987, 1(1): 31-43.

[57] Fajfar P，Fischinger M. N2 - A method for non-linear seismic analysis of regular buildings［C］. Proceedings of the 9th World Conference on Earthquake Engineering，Tokyo，Kyoto 1988；Tokyo，Maruzen，1989，(5)：111 - 116.

[58] Eurocode 8—Design of structures for earthquake resistance，Part 1，European standard prEN 1998 - 1，Draft No. 4. CEN［C］. European Committee for Standardization，Brussels，2001.

[59] Fajfar P. Structural analysis in earthquake engineering—A breakthrough of simplified non-linear methods［C］. Proceedings of the 12th European Conference on Earthquake Engineering，New Zealand.

[60] Priestley M J N. Performance based seismic design［C］. Proceedings of the 12th World Conference on Earthquake Engineering，New Zealand，2000.

[61] 马宏旺,吕西林. 建筑结构基于性能抗震设计的几个问题[J]. 同济大学学报，2002,30(12).

[62] Moehle J P. Displacement-based design of RC structures subjected to earthquakes ［J］. Earthquake Spectra，1992，8(3)：403 - 428.

[63] Moehle J P. Displacement based design of RC structures［C］. Proceedings of the 11th World Conference on Earthquake Engineering，Mexico，1996.

[64] 吕西林,周定松. 考虑场地类别与设计分组的延性需求谱和弹塑性位移反应谱 [J]. 地震工程与工程振动,2004,24(1)：39 - 48.

[65] 吕西林,周定松. 弹塑性位移谱法的振动台试验验证[J]. 地震工程与工程振动，2004,24(5)：110 - 117.

[66] 吕西林,周定松. 考虑场地类别与设计分组的延性需求谱和弹塑性位移反应谱 [J]. 地震工程与工程振动,2004,24(1)：39 - 48.

[67] 周定松. 钢筋混凝土框架结构基于性能的抗震设计方法[D]. 上海：同济大学,2004.

[68] 周定松,吕西林. 延性需求谱在基于性能的抗震设计中的应用[J]. 地震工程与工程振动,2004,24(1)：30 - 38.

[69] FEMA356. Prestandard and Commentary for the Seismic Rehabilitation of

Buildings[C]. Federal Emergency Management Agency，2000.

[70] 王亚勇.关于设计反应谱、时程法和能量方法的探讨[J].建筑结构学报，2000，21(1)：21-28.

[71] 中华人民共和国国家标准.DGJ08-9-2003 建筑抗震设计规程[S].上海市建设和管理委员会，2003.

[72] 陈滔，黄宗明.钢筋混凝土框架非弹性地震反应分析模型研究进展[J].世界地震工程，2002,18(1)：91-97.

[73] 汪梦甫，沈蒲生.钢筋混凝土高层结构非线性地震反应分析现状[J].世界地震工程，1998,14(2)：1-8.

[74] 杨军.结构工程师计算机辅助设计工具概览[J].工程设计 CAD 与智能建筑，2002(11)：61-65.

[75] 李国强，周向明，丁翔.钢筋混凝土剪力墙非线性动力分析模型[J].世界地震工程，2000,16(2)：13-18.

[76] 孙景江.钢筋混凝土剪力墙非线性分析模型综述分析[J].世界地震工程，1994,10(2)：43-46.

[77] Fajfar P，Fishinger M. Mathematical modeling of reinforced concrete structural walls for nonlinear seismic analysis[J]. Earthquake Engineering and Structural Dynamics，1990，471-478.

[78] 卓幸福，蔡益燕.用墙板单元分析框架剪力墙结构[J].建筑结构学报，1992,13(3)：29-42.

[79] Hiraishi H，Kawashima T. Deformation behavior of shear walls after flexural yielding[C]. Proceedings of the 9th World Conference On Earthquake Engineering. Tokyo. Kyoto，1988，8：653-658.

[80] Kabeyasawa T. US-Japan cooperative research on R/C full-scale building test，Part 5：Discussion of dynamic response system[C]. Proceedings of the 8th World Conference on Earthquake Engineering，San Francisco，California，USA，1984：627-634.

[81] Milev J I. Two-dimensional analytical model of reinforced concrete shear walls

［C］. Proceedings of the 11th World Conference on Earthquake Engineering，Mexico，1996.

［82］ Vulcano A，Bertero V V，Colotti V. Analytical model of R/C structural walls ［C］. Proceedings of the 9th World Conference on Earthquake Engineering，Tokyo/Kyoto，1988，6：41－46.

［83］ Linda P and Bachmann H. Dynamic modeling and design of earthquake-resistant walls. Earthquake Engineering and Structural Dynamics，1994，23：1331－1350.

［84］ Azzato F，Vulcano A. Modeling of RC frame-wall Structures for nonlinear seismic analysis. Proceedings of the 11th World Conference on Earthquake Engineering，Mexico，1996.

［85］ Vulcano A，Bertero V V. Analytical model for predicating the lateral response of RC shear wall：evaluation of their reliability［R］. Technical Report EERC－87/19. Earthquake Engineering Research Center，University of California，Berkeley，CA（87）.

［86］ 陈云涛,吕西林.剪力墙非线性分析中多垂直杆元模型的分析与改进［J］.结构工程师,2001,(4)：19－24.

［87］ 袁明武,孙树立,蔡定正.一种新的墙单元［J］.计算结构力学及其应用,1996,13(1)：17－24.

［88］ 于鲁辉.高层建筑结构计算程序的选择与使用［J］.特种结构,1998,15(3)：24－27.

［89］ 吴晓涵,吕西林.反复荷载下混凝土剪力墙非线性有限元分析［J］.同济大学学报,1996,24(2)：117－123.

［90］ 李兵,李宏男,陈鑫.钢筋混凝土剪力墙宏观有限元模型分析［J］.沈阳建筑工程学院学报,2002,18(2)：101－104.

［91］ 王海波,汪梦甫,沈蒲生.开洞剪力墙结构的非线性地震反应分析［J］.工程抗震,2000(3)：3－6.

［92］ 陈云涛.钢筋混凝土结构恢复力特性的分析研究和数字化［D］.上海：同济大学,2002.

［93］ 周颖,吕西林.空腹式劲性钢筋混凝土柱的恢复力模型研究[J].结构工程师, 2004(6):59-65.

［94］ 石晶,白国梁.空腹式型钢混凝土框架柱的恢复力特性[J].西安公路交通大学 学报,2000,20(4):94-97.

［95］ 周起敬,姜维山,潘太华.钢与混凝土组合结构设计施工手册[M].北京:中国 建筑工业出版社,1991.

［96］ 范重.使用高层建筑结构设计软件时需要注意的问题[J].工程设计 CAD 与智 能建筑,1999(5):5-7.

［97］ Clough R W, Benuska K L, Wilson E L. Inelastic earthquake response of tall buildings[C]. Proceedings of the 3rd World Conference On Earthquake Engineering, New Zealand, 1965.

［98］ Eto H, Takeda T. Elastoplastic earthquake response analysis of reinforced concrete frame structures[R]. Report, Annual Meeting, Architectural Institute of Japan, 1973, 1261-1262.

［99］ Roufaiel M S L, Meyer C. Analytical modeling of hysteretic behavior of R/C Frames[J]. Journal of Structure Engineering, ASCE, 1987, 113 (3): 429-444.

［100］ 戴瑞同,陈世鸣,林宗凡.钢筋混凝土和砌体结构的抗震设计[M].北京:中国 建筑工业出版社,1999.

［101］ 郭子雄.基于变形的抗震设计理论及应用研究[D].上海:同济大学,2000.

［102］ Pecknold D A W. Inelastic structure response to 2D ground motion[J]. Journal of Engineering Mechanics, ASCE, 1974, 100(5): 949-963.

［103］ Aktan A E, Pechnold D A W. Response of a reinforced concrete section to two-dimensional curvature histories[J]. Journal of Proceedings, ACI, 1974, 71(5): 246-250.

［104］ Takizawa H, Aoyama H. Biaxial effects in modeling earthquake response of R/C structures[J]. Earthquake Engineering and Structural Dynamics, 1976, 4(6): 523-552.

[105] Powell G H, Chen P F. 3D beam-column element with generalized plastic hinges[J]. Journal of Engineering Mechanics, ASCE, 1986, 112 (7): 627-642.

[106] 杜宏彪, 成国强. 三维钢筋混凝土框架结构非弹性动力分析[J]. 工程力学, 1999, 16(3): 135-139.

[107] 杜宏彪, 沈聚敏. 空间钢筋混凝土框架结构模型的振动台试验研究[J]. 建筑结构学报, 1995, 16(1): 60-69.

[108] 杜宏彪, 沈聚敏. 在任意加载路径下双轴弯曲钢筋混凝土柱的非线性分析[J]. 地震工程与工程振动, 1990, 10(3): 41-55.

[109] Lai S S, Will G T. R/C space frames with column axial force and biaxial bending moment interactions[J]. Journal of Structure Engineering, ASCE, 1986, 112(7): 1553-1572.

[110] Lai S S, Will G T and Otani S. Model for inelastic biaxial bending of concrete members[J]. Journal of Structure Engineering, ASCE, 1984, 110(11): 2563-2584.

[111] Jiang Y, Saiidi M. Four-spring element for cyclic response of R/C columns[J]. Journal of Structure Engineering, ASCE, 1990, 116(4): 1018-1029.

[112] 李康宁, Kubo T, Ventura C E. 建筑物三维分析模型及其用于结构地震反应分析的可靠性[J]. 建筑结构, 2000, 30(6): 14-19.

[113] 李康宁, 洪亮. 结构三维弹塑性分析方及计算机程序 CANNY[J]. 四川建筑科学研究, 2001, 27(4): 1-6.

[114] 李康宁, 洪亮, 叶献国. 结构三维弹塑性分析方法及其在建筑物震害研究中的应用[J]. 建筑结构, 2001, 31(3): 50-57.

[115] 江近仁, 孙景江. 轴向循环荷载下钢筋混凝土柱的试验研究[J]. 世界地震工程, 1998, 14(4): 13-16.

[116] 蒋欢军, 吕西林. 一种宏观剪力墙单元模型应用研究[J]. 地震工程与工程振动, 2003, 23(1): 38-43.

[117] 蒋欢军, 吕西林. 用一种墙体单元模型分析剪力墙结构[J]. 地震工程与工程振

动,1998,18(3):40-48.

[118] 孙景江,江近仁.框架-剪力墙结构的非线性随机地震反应和可靠度分析[J].地震工程与工程振动,1992,12(2):59-68.

[119] 武藤清,腾家禄.结构物动力设计[M].北京:中国建筑工业出版社,1984.

[120] Ozecebe G, Saatcioglu M. Hysteretic shear model for reinforced concrete members[J]. Journal of Structural Engineering, ASCE, 1989, 115(1).

[121] Hwang H M, Jaw J W. Probabilistic damage analysis of structure[J]. Journal of Structure Engineering, ASCE, 1990, 116(7):1992-2007.

[122] 张令心,杨桦,江近仁.剪力墙的剪切滞变模型[J].世界地震工程,1999,15(2):9-16.

[123] Asad Esmaeily. USC_RC introduction[M]. Civil Engineering Department, Kansas State University.

[124] Mander J B, Priestley M J N, Park R. Theoretical Stress-Strain Model for Confined Concrete[J]. Journal of Structural Engineering, ASCE, 1988, 103(8):1804-1826.

[125] Mander J B, Priestley M J N, Park R. Observed Stress-Strain Behavior of Confined Concrete[J]. Journal of Structural Engineering, ASCE, 1988;103(8):1827-1849.

[126] XTRACT v2.6.0 Release Notes. Imbsen Software Systems[Z]. 9912 Business Park Drive, Suite 130, Sacramento, CA 95827. March 2002.

[127] Section Builder User's Manual and Technical Reference (Version 8.1.0)[Z]. Computers and Structures, Inc. (CSI) Berkeley, California, USA, 2002.

[128] Section Builder Sample Applications (Version 8.03)[Z]. Computers and Structures, Inc. (CSI) Berkeley, California, USA, 2002.

[129] Becker J M, Llorente C. Seismic research of simple precast concrete panel walls [C]. Proceedings of the 2nd U. S. National Conference on Earthquake Engineering, Earthquake Engineering Research Institute, Stanford, California, 1979.

[130] Harris H G, Caccese V. Seismic behavior of precast concrete large panel buildings using a small shaking table［C］. Proceedings of the 8th World Conference on Earthquake Engineering, International Association for Earthquake Engineering, San Francisco, California, 1984：757－764.

[131] Moehle J P, Alarcon L F. Seismic analysis methods for irregular building[J]. Journal of Structural Engineering, ASCE, 1986，112(1)：35－52.

[132] Hosoya H, Abe I, Kitagawa Y, et al. Shaking table tests of three-dimensional scale models of reinforced concrete high-rise frame structures with wall columns ［J］. ACI Structural Journal, 1992，(6)：765－780.

[133] Filiatrault A, Lachapelle E, Lamontagne P. Seismic performance of ductile and nominally ductile reinforced concrete moment resisting frames. I. Experimental study[J]. Canadian Journal of Civil Engineering, 1998, 25：331－341.

[134] 同济大学结构工程与防灾研究所土木工程防灾国家重点实验室论文集.［M］. 上海：同济大学出版社,1994－2001.

[135] 清华大学抗震抗爆工程研究室.结构模型的振动台试验研究[M].北京：清华大学出版社,1990.

[136] 同济大学土木工程防灾国家重点实验室.上海淮海晶华苑2#楼结构模型模拟地震振动台试验研究报告[M]//同济大学振动台试验研究报告,2003.

[137] 同济大学结构工程与防灾研究所.上海淮海晶华苑2#楼结构抗震计算分析报告[M]//上海：同济大学计算研究报告,2003.

[138] 胡广良.带转换层短肢剪力墙结构抗震试验研究[D].上海：同济大学,2004.

[139] 潘全胜.高层短肢剪力墙-连梁节点抗震性能试验研究[D].上海：同济大学,2004.

[140] 土木工程防灾国家重点实验室.土木工程防灾国家重点实验室振动台试验室简介[Z].,2003.

[141] 姚振纲.建筑结构试验[M].武汉：武汉大学出版社,2001.

[142] 姚谦峰,陈平.土木工程结构试验[M].上海：中国建筑工业出版社,2001.

[143] 周颖.振动台模型试验研究大纲[M].上海：同济大学土木工程防灾国家重点

实验室,2003.

[144] 吕西林,周德源,李思明,等.建筑结构抗震设计理论与实例[M].上海:同济大学出版社,2002.

[145] Cheung Y K, Swaddiwndhipong S. Finite strip analysis of tall building[J]. Engineering Journal of Singapore, 1978, 5(1).

[146] 胡绍隆,徐建平,刘圣龙.高层建筑结构的广义有限条法[J].建筑结构学报, 1990,11(6):1-9.

[147] 田志昌,王荫长.高层结构计算的有限元-有限条杂交法[J].工程力学,10(1): 61-65.

[148] ETABS中文版使用指南[M].北京:北京金土木软件有限公司,2004.

[149] 赵兵.结构体系的选择——复杂高层和短肢剪力墙[J].PKPM新天地,2003, (4):27-30.

[150] Strand 7 Software Theoretical Manual[M]. Edition 1. Strand 7 Pty Limited, January 2005.

[151] 卢文生.模态静力非线性分析中模态选择的研究[J].地震工程与工程振动, 2004,24(6):32-38.

[152] 张令心,孙景江,张宪丽,等.钢筋混凝土框架-剪力墙结构拟三维非线性地震反应分析[J].世界地震工程,2001,17(2):22-28.

[153] 余载道.结构动力学基础[M].上海:同济大学出版社,1987.

[154] Wilson E L, Penzien J. Evaluation of Orthogonal Damping Matrices [J]. International Journal of Numerical Methods in Engineering,1972,4(1), 1972.

[155] Ambrisi A D, Filippou F C. Modeling of cyclic shear behavior in RC members [J]. Journal of Structure Engineering, ASCE, 1999, 125(10):1143-1150.

[156] Feasibility Study for Building Structure Exceeding Code Limited-CCTV Tower [M]. Ove Arup & Partners Hong Kong Ltd, May 2003.

[157] FEMA368. The NEHRP Recommended provisions for new buildings and other structures[S]. Federal Emergency Management Agency, 2001.

[158] Filippou F C, Ambrisi A D, Issa A. Effects of reinforcement slip on hysteretic

behavior of reinforced concrete frame members[J]. Journal of Structure，ACI，1999，96(3)：327 - 335.

[159] Giberson M F. Two nonlinear beams with definitions of ductility[J]. Journal of Structure Engineering，ASCE，1969，95(2)：137 - 157.

[160] Izzuddin B A，Krayannis C G，Elnashai A S. Advanced nonlinear formulation for reinforced concrete beam-columns[J]. Journal of Structure Engineering，ASCE，1994，120(10)：2913 - 2934.

[161] Karayannis C G，Izzuddin B A，Elnashai A S. Application of adaptive analysis to reinforced concrete frames[J]. Journal of Structure Engineering，ASCE，1994，120(10)：2935 - 2957.

[162] Lu X L. Application of identification methodology to shaking table tests on reinforced concrete columns [J]. Engineering Structures，1995，17 (7)：505 - 511.

[163] Lu X L. Shaking table testing of a U-shaped plan building model[J]. Canadian Journal of Civil Engineering，1999，26：746 - 759.

[164] Mirainontes D，Merabet O，Reynouard J M. Beam global model for the seismic analysis of RC Frames[J]. Earthquake Engineering and Structural Dynamics，1996，25(7)：671 - 688.

[165] Ronald O Hamberger，Jack P Moehle. State of performance based-engineering in the United States[C]. Proceedings of the 2nd US-Japan Workshop on Performance-Based Design Methodology for Reinforced Concrete Building Structures，Sapporo，Japan，September，2000.

[166] Saiidi M，Sozen M A. Simple nonlinear seismic analysis of R/C structures[J]. Journal of Structural Engineering，ASCE，1981，107(3)：973 - 952.

[167] Spacone E，Ciampi V，Filippou F C. Mixed formulation of nonlinear beam finite element[J]. Computers & Structures，1996，58(1)：71 - 83.

[168] Taucer F F，Spacone E，Filippou F C. A fiber beam-column element for seismic response analysis of reinforced concrete structures[R]. EERC Report 91/17.

Earthquake Engineering Research Center, University of California, Berkeley, CA (1991).

[169] Zetis C A, Mahin S A. Analysis of reinforced concrete beam-columns under uniaxial excitation[J]. Journal of Structure Engineering, ASCE, 1988, 114(4): 804 - 820.

[170] Zetis C A, Mahin S A. Behavior of reinforced concrete structures subjected to biaxial excitation[J]. Journal of Structure Engineering, ASCE, 1991, 117 (9): 2657 - 2673.

[171] ANSYS 基本过程手册[M]. ANSYS 中国,2000.

[172] ANSYS 建模与分网指南[M]. ANSYS 中国,2000.

[173] Strand 7 G+D Computing 用户指南[M]. G+D Computing Pty Ltd, 1999.

[174] 程绍革,陈善阳,刘经伟. 高层建筑短肢剪力墙结构振动台试验研究[J]. 建筑科学,2000,16(1): 12 - 16.

[175] 戴航,陈贵. 反复荷载下钢筋混凝土剪力墙的非线性有限元分析[J]. 工程力学,1993,10(1): 105 - 111.

[176] 过镇海. 钢筋混凝土原理[M]. 北京:清华大学出版社,1999.

[177] 郭子雄,刘阳,杨勇. 结构震害指数研究评述[J]. 地震工程与工程振动,2004,24 (5): 56 - 61.

[178] 卢文胜. 多塔楼高层建筑结构抗震性能研究[D]. 上海:同济大学,2001.

[179] 吕西林,施卫星,沈剑昊,等. 上海地区几栋超高层建筑振动特性实测[J]. 建筑科学,2001,17(2): 36 - 39.

[180] 彭伟. 钢筋混凝土框架短柱恢复力特性的研究[J]. 四川联合大学学报(工程科学版),1997,1(1): 81 - 86.

[181] 钱江. 大型复杂工程结构的分析技巧(入门篇)[R]. 同济大学研究生专业讲座系列之十一,同济大学结构工程与防灾研究所,2003.

[182] 汪梦甫. 钢筋混凝土框剪结构非线性地震反应分析[J]. 工程力学,1999,16(4): 136 -143.

[183] 汪梦甫. 高层建筑结构非线性地震反应分析[C]. 中国力学学会第二届青年学

术讨论会论文集.合肥：中国力学学会,1990.

[184] 徐磊,施卫星,张钧.超高层结构整体模型振动台试验研究[J].建筑结构学报,2001,22(5)：15‐19.

[185] 叶献国.多层建筑结构抗震性能的近似评估——改进的能力谱方法[J].工程抗震,1998(4)：10‐14.

[186] 张晋,吕志涛.短肢剪力墙-筒体结构模型模拟振动台试验研究[J].东南大学学报(自然科学版),2001,31(6)：4‐8.

[187] 周丽.高层住宅建筑中短肢剪力墙的运用[J].煤矿设计,2000,(7)：34‐36.

[188] 周颖.钢筋混凝土非线性有限元分析读书报告[R].上海：同济大学结构工程与防灾研究所,2003.

[189] 周颖,卢文胜,吕西林.模拟地震振动台模型实用设计方法[J].结构工程师,2003(3)：30‐34.

附录 A 国内外主要模拟地震振动台汇总

1. 同济大学土木工程防灾国家重点实验室

http：//www. tongji. edu. cn/％7Esldrce/b-int. html

http：//www. chinalab. gov. cn/lab/labpage. asp? ID＝136088020

同济大学地震模拟振动台于 1983 年 7 月建成,原为 X、Y 两向振动台,20 世纪 90 代进行了多次改造,主要改造内容为双向振动台升级至三向六自由度;模型重量由 15 t 升级至 25 t;控制系统和数据采集系统的升级等。

目前该振动台的主要技术参数如下:

① 台面尺寸：4 m×4 m;

② 频率范围：0.1～50 Hz;

③ 最大模型重量：25 t;

④ 最大位移：X 向：±100 mm;Y 向：±50 mm;Z 向：±50 mm;

⑤ 最大速度：X 向：1 000 mm/s;Y 向和 Z 向：600 mm/s;

⑥ 最大加速度：X 向：4.0 g(空载),1.2 g(负载 15 t);

                Y 向：2.0 g(空载),0.8 g(负载 15 t);

                Z 向：4.0 g(空载),0.7 g(负载 15 t);

⑦ 最大重心高度：台面以上 3 000 mm;

⑧ 最大偏心：距台面中心 600 mm。

该振动台的核心部件由美国 MTS 公司生产,部分部件由国内配套,具体为控制部分和数据采集部分由 MTS 生产;钢结构台面由 MTS 设计,国内红山材料试验机厂通过兰州化工总厂生产;油源部分的核心部件 MTS 提供,其他油箱、硬管道等部分由红山生产;作动器均采用 MTS 产品。整个系统由 MTS 总承包。

该振动台实验室是土木工程防灾国家重点实验室的一部分。据统计,在世界上已经运行的大型振动台中,该振动台的运行效率名列前茅。

2. 中国建筑科学研究院工程抗震研究所

http://www.cabr.ac.cn

中国建筑科学研究院原有的 3 m×3 m 单向振动台已经基本废弃,其新建的地震模拟振动台位于北京市顺义区的科研基地,目前安装已经完成,并投入运行。

目前,该振动台的主要技术参数如下:

① 台面尺寸:6.1 m×6.1 m;

② 频率范围:0~50 Hz;

③ 最大模型重量:60 t;

④ 最大位移:X 向:±150 mm;Y 向:±250 mm;Z 向:±100 mm;

⑤ 最大速度:X 向:1 000 mm/s;Y 向:1 200 mm/s;Z 向:800 mm/s;

⑥ 最大加速度:X 向:1.5 g;Y 向:1.0 g;Z 向:0.8 g;

⑦ 最大倾覆力矩:180 t·m。

该振动台由美国 MTS 公司总承包建设,台面由 MTS 设计后委托首都钢铁公司制造,采用 4 台油源并列供油,流量 2000 l/min,设置蓄能器阵。竖向采用 4 台 MTS 作动器,两个水平向分别采用 4 台作动器。

3. 中国水利水电科学研究院工程抗震研究中心

http://www.iwhr.com/eerc/index-c.html

中国水利水电科学研究院 1987 年从德国 Schenck 公司引进全套振动

台,考虑水工结构模型的大缩比,该振动台的工作频率上限达到了 120 Hz,为目前国内工作频率最高的振动台。

目前,该振动台的主要技术参数如下:

① 台面尺寸:5 m×5 m;

② 频率范围:0~120 Hz;

③ 最大模型重量:20 t;

④ 最大位移:X 向:±40 mm;Y 向:±40 mm;Z 向:±30 mm;

⑤ 最大速度:X 向:400 mm/s;Y 向:400 mm/s;Z 向:300 mm/s;

⑥ 最大加速度:X 向:1.0 g;Y 向:1.0 g;Z 向:0.7 g;

⑦ 最大倾覆力矩:35 t•m。

该振动台由德国 Schenck 公司总承包建设,台面由 Schenck 设计后委托国内公司制造,X 方向设置 2 台作动器,Y 方向设置 1 台作动器,Z 方向设置 4 台作动器,采用 Schenck 油源,流量 1 155 l/min。配置 Schenck 原装控制器和数据采集系统,由于建设年代较早,目前正准备升级控制系统和数据采集系统。

4. 北京工业大学

北京工业大学 2002 年建设了一台单向地震模拟振动台,已经完成 10 余项试验工作,正准备升级为水平双向振动台。该振动台为降低造价,采用国产和进口部件以及自行研制的控制系统组合完成。

该振动台的主要技术参数如下:

① 台面尺寸:3 m×3 m;

② 频率范围:0.4~50 Hz;

③ 最大模型重量:60 t;

④ 最大位移:X 向:±127 mm;

⑤ 最大速度:X 向:600 mm/s;

最大加速度:X 向:1.0 g;

最大倾覆力矩：30 t•m。

该振动台由原工程力学研究所黄浩华教授主持建设，台面由黄浩华设计后委托某公司制造，采用 1 台 MTS 油源，流量 350 l/min，没有设置蓄能器。竖向采用 4 连杆支撑，水平向分别 2 连杆定位。水平向采用 MTS 作动器激振。采用 MTS 的 TestStar - II 控制器，在其前端加设黄浩华教授研制的加速度控制装置。

5. 中国地震局工程力学研究所

http://www.iem.net.cn/

http://www.iem.net.cn/intro/iem2002.htm

中国地震局工程力学研究所 1986 年采用国产设备自行研制了双向振动台，1997 年升级成三向振动台，该振动台已经完成近百项试验任务。

该振动台的主要技术参数如下：

① 台面尺寸：5 m×5 m；

② 频率范围：0.5～40 Hz；

③ 最大模型重量：30 t；

④ 最大位移：水平：±80 mm；竖向：±50 mm；

⑤ 最大速度：水平：±600 mm/s；竖向：±300 mm/s；

⑥ 最大加速度：水平：±1.0 g；竖向：±0.7 g；

⑦ 最大倾覆力矩：75 t•m。

该振动台由工程力学研究所依靠国内技术力量建设完成，全部机械和液压系统由国内制造，主要依靠天水红山试验机厂；控制系统由工程力学研究所自行研制；数据采集系统也集合了国内多家厂家的动态测试设备。

6. 哈尔滨工业大学　结构与抗震减震建设部重点实验室

哈尔滨工业大学地震模拟振动台是 1987 年建设完成，为单向水平振动台，目前已经完成 100 多项试验。

该振动台的主要技术参数如下：

① 台面尺寸：3 m×4 m；

② 频率范围：0～25 Hz；

③ 最大模型重量：12 t；

④ 最大位移：水平：±125 mm；

⑤ 最大速度：水平：±760 mm/s；

⑥ 最大加速度：水平：±1.5 g；

⑦ 最大倾覆力矩：20 t•m。

该振动台由哈尔滨工业大学采用 Schenck 公司作动器自行研制完成，其油源共用其 Schenck 拟动力系统的油源，台面由潘景龙教授设计，台面自重仅 3 t，由国内厂家生产，台面支撑系统采用国内唯一的交叉十字形钢板弹簧铰。据介绍其具有结构简单，免维护，使用可靠等优点。控制系统由哈尔滨工业大学实验室自行研制。数据采集系统集合了国内多家厂家的动态测试设备。

7. 大连理工大学

http://sche.dlut.edu.cn

台面尺寸：3 m×3 m；6 自由度；

最大模型重量：10 t；

最大加速度：水平：±1.0 g；竖向：±0.7 g；

8. 清华大学

振动台：曾有一个电磁式振动台，现已拆除。

9. 工程抗震与结构诊治北京市重点实验室(北京工业大学抗震减灾研究所)

http://www.bjut.edu.cn/collage/jgxy/gckz/default.htm

台面尺寸：MTS 3 m×3 m；单自由度；

最大模型重量：10 t；

最大加速度：±1.0 g；

10. 陕西省结构与抗震重点实验室/冶金工业部部级重点试验室(西安建筑科技大学)

http://www.xauat.edu.cn/xauat/com12/myweb/yxsz/tmgcxy/jyjd.htm

台面尺寸：2 m×2 m；

最大模型重量：4.5 t。

11. 广东省地震工程与应用技术重点实验室(广州大学工程抗震研究中心)

http://202.192.18.15:8080/webdata/eertc/index_Chinese.htm

http://www.gzhu.edu.cn

台面尺寸：MTS 3 m×3 m；6自由度；

最大模型重量：15 t；

最大加速度：水平：±1.0 g；竖向：±2.0 g；

12. 重庆交通科研设计院(原交通部重庆公路科学研究所)

已于2004年建成的多轴台阵系统是目前世界上唯一的无级可调台阵系统,有2个可关联工作亦可独立工作的振动台。每个振动台均为6自由度,目前正在进行3座实桥模型的地震模拟实验。

13. 南京工业大学

台面尺寸：3.36 m×4 m(建设中)

14. 香港理工大学

台面尺寸：3 m×3 m；

最大模型重量：10 t。

15. 台北 NCREE

台面尺寸：5 m×5 m；

最大模型重量：30 t。

16. E-Defense

振动台 E-Defense 于2005年初在日本 Miki City 建成,是目前世界上最大的振动台,可以对不缩尺原型结构进行动力试验。

目前该振动台的主要技术参数如下：

① 台面尺寸：20 m×15 m；

② 最大模型重量：1 200 t；

③ 最大位移：X 向：±100 cm；Y 向：±100 cm；Z 向：±50 cm；

④ 最大速度：X 向：200 cm/s；Y 向：200 cm/s；Z 向：70 cm/s；

⑤ 最大加速度：X 向：0.9 g(满载)；Y 向：0.9 g(满载)；Z 向：1.5 g (满载)。

17. 东大生产技术所(日本)

台面尺寸：10 m×2 m；

最大模型重量：170 t。

18. 日本电力研究所

台面尺寸：6 m×6.5 m；

最大模型重量：125 t。

19. 日本国有铁道研究所

台面尺寸：12 m×8 m；

最大模型重量：100 t。

20. 日本土木研究所

台面尺寸：6 m×8 m；

最大模型重量：100 t。

21. 意大利 ENEA

台面尺寸：16 m×16 m；

最大模型重量：150 t。

22. 罗马尼亚建科院

台面尺寸：7 m×7 m；

最大模型重量：80 t。

23. 日本科技厅防灾中心

台面尺寸：15 m×15 m；

最大模型重量：500 t。

24. 三菱重工

台面尺寸：6 m×6 m；

最大模型重量：80 t。

25. 日本原子能试验中心

台面尺寸：15 m×15 m；

最大模型重量：1 000 t。

26. 英国 GEC

台面尺寸：4.3 m×4.3 m；

最大模型重量：100 t。

27. 苏联 HRI

台面尺寸：6 m×6 m；

最大模型重量：50 t。

28. 日本 PWRI

台面尺寸：8 m×8 m；

最大模型重量：300 t。

29. 日本科技厅防灾中心

台面尺寸：6 m×6 m；

最大模型重量：75 t。

附录 B Strand 7 应用流程总结

应用 Strand 7 软件的主要流程按前处理、求解、后处理三大部分总结如下，总结中与软件对应部分将采用英文。

在有限元整体模型建模计算分析前，首先要对待算模型进行整体规划和参数统计，主要工作包括材料种类及参数统计、单元种类及参数统计、分组（Group）统计等，在此基础上进入 Strand 7 有限元分析。

1. Strand 7 前处理部分

一般来说，结构有限元计算中的前处理包括创建模型、网格划分、施加约束和边界条件、模型检查等内容，结合 Strand 7 软件逐一进行介绍。

1）创建模型及网格划分

（1）打开 Strand 7，为新建模型命名：File＞Save as JHY‐Model. st7。

（2）定义总体信息，包括 Load ＆ Freedom Cases；Coordinate Systems；Units；Groups（Group 可在此处定义，也可在有限元模型生成后定义并分类，但是考虑到在此处定义将有助于建模过程的整体规划，故列于此）。

（3）定义单元种类和材料信息，如 Property 中的 Beam 单元、Plate 单元、Brick 单元及其材料几何参数等。

（4）生成有限元模型。注意 Strand 7 不同于 Ansys® 等应用软件的一个特点是它在建模过程中不会出现几何模型和有限元模型两套模型系统，它直接由 Node 和 Element 等形成有限元模型。

注意低版本中,Create>Beam 单元生成梁时,Strand 7 默认的 Beam 单元主轴与实际工程中的梁主轴方向成 90°,注意要用 Attributes>Beam>Principal Axis Angle 进行旋转;

(5) 保存尚未分网的有限元模型,并另存为另一个文件(这主要是因为在静力分析时,网格划分很重要,最好划分两次,如第一次 N 个网格的计算结果和第二次 $2N$ 个网格的计算结果在误差允许的范围内的话,可以认为计算结果是稳定的可信的。动力分析时,计算结果的稳定性则主要受计算方法和时间步长选取的限制)。

(6) 划分网格:用 Tools>Subdivide 划分网格;Grade Plates and Bricks 可对单元圆角也可划分不同密度网格之间的过渡单元;在正式计算前用 Clear Mesh 清除重复节点或单元,压缩编号,清理或整理网格,有助于提高计算速度。

2) 施加自由度条件和约束

给模型施加相应的自由度条件和约束,注意当要计算不同边界条件结果之间的差别时,应设立不同的 Freedom Cases。

3) 检查有限元模型

在正式加载计算前,要检查有限元模型,以保证结果的准确性,这一步非常重要,有时可以达到事半功倍的效果。检查方法可分为初级检查、简单加载检查和动力特性检查等。

(1) 初级检查:利用 Summary>Information, Property, Model 等信息,检查模型是否存在量级上的不合理等反常现象;利用主工具条检查单元的自由边和自由节点等是否正确。

(2) 简单加载检查:检查有限元模型在重力或是水平荷载等简单荷载下的支反力、对称性、相应量级等信息的正确性和合理性。

(3) 动力特性检查:勾选 Natural frequency 计算中的 Trial Run

Only,检查试运行的结果；然后进行动力特性的计算，检查 Log 文件中是否"The first n eigenvalues have converged.";如果计算收敛,再进一步检查频率、对称性、振型分布合理性等信息。

2. Strand 7 求解部分

求解部分的主要内容包括施加荷载和求解计算等,分别介绍如下。

1) 施加荷载

（1）通过 Attributes > Node > Force/Moment/Tanslational Mass; Attributes > Beam > Point Force/Point Moment/Distributed Load; Attributes>Plate>Face Pressure/Edge Pressure 等方式为模型施加集中及均布荷载。

（2）如果是瞬态动力荷载,则要先在 Tables>Factor vs Time 中填好瞬态荷载的 F-t 关系表,在 Solution 选取求解问题类型时施加给模型。对于反应的求解可以选择求解绝对反应或相对反应等。

2) 求解模型

Strand 7 可以求解线性和非线性静力、线性和非线性瞬态动力、线性屈曲、固有频率、谐响应、谱响应、线性和非线性稳态热传导、线性和非线性瞬态热传导等问题,需要注意的是:

（1）多个 Load Cases 可一次进行求解,关闭结果文件,对不同的 Load Cases 的结果线性组合后即可得到组合后的结果文件,而多个 Freedom Cases 则需要逐一进行求解,并保存为不同的文件名。

（2）Bandwith 的选择对于较大模型的求解很重要,建议使用 Tree Scan,这种模式具有最小的最大的节点跳跃。

（3）在正式求解前,可以用 Trial Run Only 进行试运行,不生成结果文件但生成日志文件以检查大模型。

（4）非线性求解时,注意打开 Automatic Loading Step 选项。

（5）如果模型很大,求解时可以关闭窗口。

3. Strand 7 后处理部分

（1）在打开结果文件前，首先查看日志 Log 文件是个较好的做法，可以迅速地浏览检查求解过程中的情况。

（2）计算结果可以利用 Graph＞Insert Data 在屏幕上同时显示多节点的图线，也可将与图线相应的数据输出，进行更为详细的后处理等，这里就不再一一介绍。

附录 C 模型结构配筋图表

T-1 030402

表 1-1 模型一层柱明细表

主梁编号	截 面		型 钢				钢 筋		箍 筋	
	B	H	翼 缘		腹 板		根数	规格	规格	间距
			宽度	厚度	宽度	厚度				
KZ1	50	100	30	0.8	70	0.6	8	16♯	22♯	25
KZ2	50	125	30	0.8	100	0.6	6	14♯	22♯	25
KZ3	50	125	30	0.8	100	0.6	6	14♯	22♯	25
KZ4	75	100	50	0.8	70	0.6	8	14♯	22♯	25

表 1-2 模型一层剪力墙明细表

剪力墙编号	截 面	受力钢筋		分部钢筋	
	B	规 格	间 距	规 格	间 距
W1	按墙宽	双肢 22♯	25	22♯	25
W2	25	双肢 20♯	25	20♯	25

表 1‑3　模型一层暗柱明细表(1)　端柱

暗柱编号	截　面		配　筋		箍　筋	
	B	L	根数	规格	规格	间距
AZ1	25	15	5	14♯	22♯	25

表 1‑3　模型一层暗柱明细表(2)

暗柱编号	截　面		配　筋		箍　筋	
	B	L	根数	规格	规格	间距
AZ2	按墙宽	40	4	18♯	22♯	25
AZ3	25	40	4	18♯	22♯	25
AZ4	30	40	6	18♯	22♯	25
AZ5	40	40	6	18♯	22♯	25

表 1‑3　模型一层暗柱明细表(3)　翼缘

暗柱编号		截　面		配　筋		箍　筋	
		B	L	根数	规格	规格	间距
AZ6	1	15	15	6	18♯	22♯	25
	2	30	30	6	18♯	22♯	25
AZ7	1	25	25	6	16♯	22♯	25
	2	30	30	6	16♯	22♯	25

说明:1. 未经注明的剪力墙受力钢筋、分布钢筋均为 22♯@25。

　　　2. 表中尺寸未经说明均为 mm。

　　　3. KZ1~4 中型钢的放置形式如下图所示:

　　　4. 其余楼层配筋信息详见文献[137]。

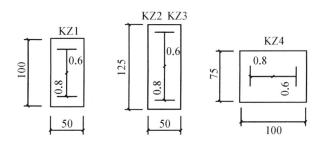

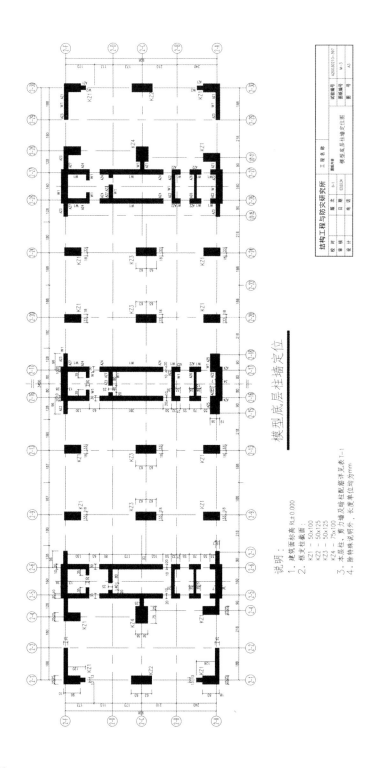

模型底层柱墙定位

说明：
1. 建筑面标高 RL±0.000
2. 框支柱截面：
   KZ1 — 50×100
   KZ2 — 50×125
   KZ3 — 50×125
   KZ4 — 75×100
3. 本层柱、剪力墙及暗柱配筋详见表1-1
4. 除特殊说明外，长度单位均为mm

后　记

本书的研究工作是在长江学者吕西林教授的悉心指导下完成的,他对本文的选题、研究方案、结果分析等倾注了大量的心血。他渊博的学识、严谨的工作作风、忘我的敬业精神和善于把握学术前沿的敏锐才能使我终生难忘。他的严格要求和悉心批改,使我懂得科研工作的严谨和负责。他高屋建瓴、博学务实的作风将是我今后漫长工作生涯的榜样,将永远激励学生锐意进取。无论是在学习、科研,还是生活上他都给予我无微不至的关怀和帮助,在此谨向他表示衷心的感谢和诚挚的敬意!

感谢卢文胜老师、赵斌老师、钱江老师、叶琦对试验、计算和撰写论文的耐心指导! 感谢曹文清老师、曹海老师、周金生师傅等对试验的帮助! 感谢李思明老师、金国芳老师给予的引导! 感谢熊海贝老师给予的殷切关怀!

感谢卢文生博士、周定松博士、李检保博士、李培振博士、王强博士、龚治国博士、宋和平博士、邹昀博士、董宇光博士、孟春光博士、田野博士、沈德健博士、程海江博士等同门师兄弟对我的关心与帮助! 梁丰硕士、潘全胜硕士、郭智杰博士、李清硕士、胡广良硕士等为振动台试验付出了辛勤的劳动,在此表示诚挚的谢意! 感谢同办公室的李冬梅博士、章红梅博士,共享科研路上的欢乐时光! 感谢 OKOK 论坛提供的专业空间!

需要感谢的人还有很多很多，由于作者的疏忽未能一一提及，在此表示歉意。感谢所有关心和支持我的人！

特别感谢我的父母，多年以来的养育之恩和理解支持！在研究后期工作过程中，我的先生给予莫大的精神鼓励与安慰，特此感谢！

周　颖